JN172391

実践的SQC（統計的品質管理）入門講座 4

演習 工程解析

棟近 雅彦 監修
金子 雅明・梶原 千里・安井 清一・川村 大伸・佐野 雅隆 著

日科技連

監修者のことば

4年ぐらい前に，日科技連出版社の方から，新しいSQC(統計的品質管理)のシリーズを出版したいというお話しをいただいた．監修者自身は，もう20年以上前になるが，日本科学技術連盟で行っている品質管理技術者のためのベーシックコースというセミナーのテキストを大改訂することになり，「データのとり方・まとめ方」と「管理図」という2冊のテキストを執筆したことがある．ちょうど前職から現職に異動したときで，研究室も新たに立ち上げなければならず，新たな仕事が盆と正月のようにやってきて，てんやわんやだったことをよく覚えている．この2冊で，QC七つ道具をすべてカバーしていた．その後，これらのテキストをもとに，JUSE-StatWorksによる品質管理入門シリーズを著すことができた．

SQCに関する書籍は，当時も既に多くのものが刊行されており，今さら書いて意味があるのか，と思ったりもした．しかし，今思えば，自身の大学での講義に大いに役に立ったし，既に理論的には確立された手法の説明にいかにオリジナリティを出せばよいかについて，考えることができるのは貴重な経験であった．

当時は忙しいといっても新米の大学教員であったので，それなりに時間をかけてこれらの書籍を執筆することができた．現在は，文章能力は当時より上がっているつもりだが，何ぶんかけられる時間が少ないので，残念ながら最近書いた文章よりは，よくできていると感じる．

このような私の経験から，本シリーズは，当時の私ぐらいの年代の，次世代を担う若手のSQCを専門とする方々に執筆いただこうと考えた．企画会議を何回かもち，初学者向けのやさしいテキストとすることを決めた．各巻の内容をどうするかは，基本的に執筆者の方々にお任せした．監修者といってもほとんど何もせず，原稿が上がってきたら大きな誤りがないかを確認したに過ぎない．一点だけ企画会議からずっとお願いしたのは，事例を充実させてわかりやすく書いてほしい，ということである．本シリーズで取り上げるのは，理論的には成熟したものであり，説明と事例でオリジナリティを出すしかない．わかりやすい説明と事例は，今後執筆者の方々が，さまざまな機会で講義を行うときに，もっとも大切にすべきことと考えているからである．初学者の方々にとって，有用な参考書になると期待している

シリーズの完結編に当たる本書は，他のテキストには見られないユニークな構成になっている．単なる事例集ではなく，第3巻までに習得した手法を実践的に学べるように，段階的に設問を設けて，解答しながら重要なポイントに気づいてもらうように工夫されている．執筆をお願いした方々には，私からお願いしたことの意図を十分に汲んでいただき，素晴らしい内容のテキストになっている．

本書の出版の機会を与えていただき，本書の出版において多くのご尽力をいただいた日科技連出版社の戸羽節文氏，鈴木兄宏氏，田中延志氏には，感謝申し上げたい．また，20年前の私の世代といっても，現在ははるかに忙しい状況であるにもかかわらず，丁寧に執筆していただいた梶原千里先生(早稲田大学)，金子雅明先生(東海大学)，川村大伸先生(名古屋工業大学)，佐野雅隆先生(千葉工業大学)，安井清一先生(東京理科大学)には厚く御礼申し上げたい．

2017年10月

早稲田大学教授　棟近雅彦

まえがき

本書は「実践的 SQC(統計的品質管理)入門講座」シリーズの最終巻(第 4 巻)である．統計理論を詳細に記載した書籍は既に多く存在しているため，本シリーズでは理論の説明を最小限に留め，その実践的な活用，すなわち「統計的手法を活用していかに現場の問題解決を円滑に行うのか」に重きを置き，第 1 巻から一貫してきたように統計手法の初学者にとっても理解しやすいような内容にしている．

本最終巻は，既に出版された同シリーズの第 1 巻から第 3 巻で紹介した統計知識の理解度チェックを目的に企画・執筆されており，これまでのように個別の手法解説というよりは「工程解析演習」という位置づけであるが，上記の精神は同様に受け継がれている．「本書の活用方法」を参照しながら本書を 100% 活用し尽くしてもらい，「現場の問題解決に統計手法を活かすために必要な知識のどこに理解不足な点があるのか」を確認し，実践的な問題解決能力の向上に励んでほしい．

取り上げる演習事例はできる限り現実のシチュエーションに近い形で準備し，解答の解説においても「なぜ，そのような解答に至ったのか」について，極力数式や難解な統計理論の説明を避け，読者にとってできるだけ理解が容易な記述を心がけた．本書を含めて同シリーズの全 4 巻が多くの業種・業態における現場の問題解決や改善活動で活用され，役立ててもらえれば幸いである．

本書を執筆するにあたり，出版を企画してくださり，本書の出版において多くのご尽力をいただいた日科技連出版社の戸羽節文氏，鈴木兄宏氏，田中延志氏には大変お世話になった．著者全員が比較的若手の大学関係者であったため，校務や学会発表，研究活動などにより，なかなか執筆作業が思うように進まない状況が続いていたが，辛抱強くかつ粘り強くご対応いただいた．この場を借りてお詫びとお礼を申し上げたい．最後に，著者らに本書執筆の機会を与えていただき，執筆の過程で有益なご指摘，ご助言をいただいた監修者の棟近雅彦先生（早稲田大学）にも，厚くお礼を申し上げる．

2017年10月

著者を代表して　金子　雅明

本書の活用方法

本書『演習 工程解析』は，既に出版された同シリーズ第1巻～第3巻に続く総まとめであり，第3巻までで紹介した統計解析手法を用いた工程解析の演習事例集(解答フォーマットと標準解答解説付き)として位置づけられている．

演習事例としては，次の5つを取り上げた．

① 小型トラック用バンパー製造における塗装膜厚不良の低減

② プラスチック製品の寸法不良低減

③ 回路基板の製造工程における膜厚ばらつき低減

④ レジスト寸法のばらつき低減

⑤ 調整工程の工数削減

主に製造業での活用を想定しているが，対象製品や解決すべき問題をなるべく重ならないように配慮した．そのため，各演習事例の問題背景，製品の特性などの説明も図などを使用しながら丁寧に説明している．もちろん，各演習事例はそれぞれが独立した内容であり，どこから始めても差し支えはない．さらに，分析に必要なデータと解答フォーマットを日科技連出版社のWebページ(http://www.juse-p.co.jp/）からダウンロードできるようにしており，それらの解答フォーマットに沿って本書の標準解答・解説を作成している．つまり，取り上げる問題やその背景がそれぞれ異なる事例について，読者自身が好きな順番で事例を選び，分析を進めて解答を行い，標準解答とその解説を読んで自身の理解度を自己チェックできるようにしている．

本書の基本的な活用方法は次のようになる．まず，自分が選んだ事例を解くことで理解度をチェックし，理解度に問題がある，または曖昧な点がある箇所があれば，標準解答内に記載された解説部分をよく読んだり，または既に出版されている第1巻から第3巻の該当する内容をもう一度確認することである．

可能であれば，本書内の５事例すべてを解いて，上の作業を繰り返すことが好ましい．この繰返しによって，頭ではわかっている知識を実践でも使える知識レベルに上げることができる．

表1は，各演習問題で取り扱う特性値，使用する手法，主に関連する巻を示している．この表を見るとわかるとおり，どの事例においても統計的基礎を学ぶ第１巻の内容は必須であり，第２巻の『実験計画法』，第３巻の『回帰分析』については，それぞれの事例ごとに片方または両方の巻で紹介されている手法を用いるようになっており，第１巻〜第３巻で紹介されたすべての手法ではないが，主要な手法はすべてカバーしている．第１巻〜第３巻内においてもそれぞれ多くの演習問題が準備されているので，本書と併せて活用することで，より実践的な知識を獲得できるであろう．

別の活用方法としては，ある特定の手法に着目して，演習問題間を横串しで学習する方法もある．同じヒストグラム，管理図，散布図という手法であっても，それぞれの演習問題内でどのような場面・脈絡で使われ，そこからどのような情報を得て(考察して)いるのかは当然ながら異なっている．ある特定の手法をさまざまな場面で適切に使いこなすようになるためには，このように，さまざまな場面である特定の手法がどのように使われているかを理解するのが近道である．したがって，例えば，第３巻の回帰分析に興味があれば，演習問題2，4，5の該当箇所を先に見てもよい．また，例えば管理図に着目すれば，これは1〜5のすべての演習問題で使われているので，各問題を横串しで見て比較しながら理解していく方法もある．

さらに，どの演習問題においても，基本的な章立ては，次の流れで構成している．

❶ 解決すべき問題

❷ 現状把握

❸ 原因(要因)解析

❹ 対策と効果検証

問題を効果的かつ効率的に解決するためには，そのためのコツ，すなわち問

表1 各演習問題で取り上げる手法および関連する巻との関係

演習問題のタイトル	取り扱う特性値	使用する手法	主に関連する巻
小型トラック用バンパー製造における塗装膜厚不良の低減	• 塗装膜厚	• ヒストグラム，管理図，管理図，散布図，層別	第1巻『データのとり方・まとめ方から始める統計的方法の基礎』
プラスチック製品の寸法不良の低減	• 熱処理後のプラスチック板の寸法（縦・横）	• ヒストグラム，特性要因図，管理図，散布図，層別 • 回帰分析	第1巻『データのとり方・まとめ方から始める統計的方法の基礎』 第3巻『回帰分析』
回路基板の製造工程における膜厚ばらつき低減	• 銅メッキ膜厚	• ヒストグラム，管理図，層別，枝分かれ実験	第1巻『データのとり方・まとめ方から始める統計的方法の基礎』 第2巻『実験計画法』
レジスト寸法のばらつき低減	• レジスト寸法	• 特性要因図，ヒストグラム，層別，散布図，層別，F検定・推定 • 2元配置 • 相関係数	第1巻『データのとり方・まとめ方から始める統計的方法の基礎』 第2巻『実験計画法』 第3巻『回帰分析』
調整工程の工数削減	• 位置決め精度 • 位置調整パラメータ	• ヒストグラム，管理図，散布図 • 回帰式	第1巻『データのとり方・まとめ方から始める統計的方法の基礎』 第3巻『回帰分析』

題解決のための一般的なステップが存在し，本書ではこのステップに沿ってすべて記載している．問題を解決する際には，その問題固有の事情，背景，因果

関係の詳細な理解が必要であることは当然ながら，この問題解決のステップを理解しておく必要がある．常に，「今自分は問題解決ステップのなかのどこに位置しているか」を俯瞰しながら，問題の細部に深く入り込むという切替えを行えるようになることで，問題解決能力が飛躍的に向上する．

その意味で，各演習問題を解く際には「問題解決のどのステップにいるか」を常に意識してほしい．さらに，標準解答の解説部分にも注目して熟読してほしい．解説は，問題解決の各ステップと各問題の最後のまとめ部分に掲載しているが，「なぜ，標準解答のようになるのか」「問題解決の当該ステップで何が得られ，次のステップに向けて何をすべきか」「どう考えるべきか」のポイントが記載されている．各演習問題を解答するうえで必要なグラフなどを作成する方法は，すでに第 1 巻～第 3 巻で解説している．そのため，各演習問題のそれぞれにおいて，作図そのものの演習をしたい場合には手書きで作図するとよいが，作図が困難な場合あるいは工程解析の流れ自体を演習したい場合には統計ソフトを使うと容易である．なお，本書のダウンロードデータについては，Excel での演習やその他のソフトウェアでも利用しやすさを考えて，Excel 形式としている．

最後に，各演習問題を解くためのデータ，解答フォーマットはあえてダウンロードする形式にしている．また，解答フォーマットは単なる“白紙”ではなく，第 1 巻～第 3 巻で学んだことを踏まえて，各手法を使って得られた事実を「どのように整理し，有用な情報を得るか」の視点・側面を示した．このような工夫は，主には読者個人による自己学習をより効率的にするためであるが，同時に企業内セミナーや大学授業等での演習，グループワーク作業にも使用できる．実際に問題解決に取り組む際には，最初から最後まで誰とも関与しないで一人だけで実施することは稀であり，しかも一人よりも複数名で議論することで得られる情報，学べることは多い．したがって，可能であれば，ぜひ複数名でのグループワーク(1 グループに多くても 3,4 名程度)で実践してみてほしい．共通の解答フォーマットを用いているため，異なるグループ間で比較することも容易であり，共通点や相違点について議論するのも有用な学習方法である．

演習　工程解析
目　　次

演習問題1
小型トラック用バンパー製造における塗装膜厚不良の低減

◇1 問題編

1.1 解決すべき問題

A社ではトラック(大型，中型，小型)を製造・販売しており，とりわけそのなかでも小型トラックが当社の主力製品となっている．このたび，小型トラック用の部品の一つであるバンパーの塗装工程において不良が多発していることがわかり，その不良数を半減することが急務となっている．

1.2 現状把握(その1)

A社で取り扱っている小型トラック用バンパーは主に3種類あるが，そのなかでも販売数が一番多いバンパーXに絞って分析することとした．まず，「各不良がどの程度発生しているか」を知るために，ある年の3カ月分に発生したバンパーXの不良項目とその発生数をすべて集計し，**表1.1**を得た．

問1.1　表1.1のデータを用いてパレート分析を行い，重点指向すべき不良項目を答えよ．

表 1.1　不良品数

不良項目	不良発生数
亀裂	157
小気泡，穴	721
色分かれ	121
ぶつ	388
塗装膜厚	2086
異物	265
その他	79

問 1.2　【問 1.1】の解析結果より，次にとるべき選択肢を選べ．

① 不良原因についてブレーンストーミングを行う．
② プロセスを標準化する．
③ 作業員を教育・訓練する．
④ 原材料の品質を向上する．
⑤ 新しい設備に更新する．
⑥ 不良発生の時系列データを吟味する．
⑦ すべての不良項目に関するデータの収集を開始する．
⑧ 不良の有無の判断に用いた特性値(色合い，膜厚など)データをすべて収集する．
⑨ 不良の有無の判断に用いた特性値データを，抜き取り検査で収集する．
⑩ その他（　　　　　　　　　　　　　　　　）

1.3　現状把握(その 2)

重点指向すべき不良項目(塗装膜厚)が決まったので，この不良が時系列的にどのように発生しているか，その特徴を調べるために，ある別の１カ月分(営業日は25日間)の検査日報を調べて集計した(**表1.2**).なお,各日の検査数は一定で200本となっている.

表1.2 ある1カ月の塗装膜厚不良の時系列的推移

日	不良発生数	日	不良発生数
1日目	10	14日目	12
2日目	20	15日目	16
3日目	14	16日目	17
4日目	10	17日目	14
5日目	16	18日目	8
6日目	19	19日目	13
7日目	17	20日目	11
8日目	16	21日目	20
9日目	8	22日目	13
10日目	13	23日目	19
11日目	18	24日目	9
12日目	20	25日目	14
13日目	16		

問2.1 表1.2のデータについて適切な管理図で解析し,不良発生数の特徴について考察せよ.

問2.2 【問2.1】の解析結果より,次にとるべき選択肢を選べ.

① 不良原因についてブレーンストーミングを行う.

② プロセスを標準化する.

③ 作業員を教育・訓練する.

④ 原材料の品質を向上する.

⑤ 新しい設備に更新する.

⑥ 不良発生の時系列データを吟味する.

⑦ すべての不良項目に関するデータの収集を開始する.

⑧ 不良の有無の判断に用いた特性値(色合い, 膜厚など)データをすべて収集する.

⑨ 不良の有無の判断に用いた特性値データを, 抜き取り検査で収集する.

⑩ その他 (　　　　　　　　　　　　　　　　)

1.4 要因解析(その1)

塗装膜厚不良は慢性型であり, **1.3節**の不良発生個数の日々の時系列な変化を調べても, 不良発生原因に関する有用な情報をこれ以上は得ることはできなかった.

塗装膜厚の規格値は50.0 ± 5.0であり, これを満たせなかったバンパーが不良となり, その数がカウントされ, **表1.2**に示した1日の不良発生個数が集計されている. つまり, 不良発生個数ではなく, 実際の塗装膜厚の連続データを測定すれば,「規格値(上限規格値・下限規格値に対して)からどのように外れたのか」について, より詳細な情報を得ることができそうである.

バンパーの塗装は2台の塗装マシン(No.1, No.2)を用いて並行して塗装しており, 塗装マシン間の違いも比較できるように, それぞれの塗装マシンから2本ずつのバンパーXを抜き取り, その塗装膜厚をある別の1カ月(同じく営業日は25日)にかけて測定することとした. 測定したデータを**表1.3**に示す.

問3.1　表1.3のデータについてヒストグラムを作成し, 得られる情報をまとめよ.

問3.2　表1.3のデータについて$\overline{X}-R$管理図を作成し, 工程の安定状態を判断せよ.

表 1.3 塗装膜厚の測定結果

No.	塗装膜厚データ	塗装マシンNo.	測定した営業日
1	51.4	1	1日目
2	51.6	1	
3	56.3	2	
4	52.7	2	
5	47.6	1	2日目
6	52.3	1	
7	52.4	2	
8	61.5	2	
9	49.3	1	3日目
10	51.4	1	
11	47.7	2	
12	57.5	2	
13	54.0	1	4日目
14	57.5	1	
15	51.7	2	
16	57.4	2	
17	50.2	1	5日目
18	52.3	1	
19	51.6	2	
20	53.8	2	
21	50.1	1	6日目
22	48.6	1	
23	53.6	2	
24	55	2	
25	52.6	1	7日目
26	50.6	1	
27	55.3	2	
28	54.2	2	
29	51.8	1	8日目
30	51.9	1	
31	56.6	2	
32	52.4	2	
33	49.2	1	9日目
34	53.1	1	
35	51.9	2	
36	54.8	2	
37	45.6	1	10日目
38	44.6	1	
39	57.2	2	
40	56.7	2	
41	51.3	1	11日目
42	49.1	1	
43	52.5	2	
44	49.1	2	
45	51.7	1	12日目
46	52.5	1	
47	45.6	2	
48	45.2	2	
49	48.5	1	13日目
50	46.0	1	
51	52.9	2	
52	57.4	2	
53	52.4	1	14日目
54	48.7	1	
55	49.2	2	
56	52.3	2	
57	51.0	1	15日目
58	50.2	1	
59	59.1	2	
60	48.9	2	
61	50.1	1	16日目
62	48.7	1	
63	51.7	2	
64	56.3	2	
65	50.5	1	17日目
66	49.5	1	
67	51.0	2	
68	48.8	2	
69	50.8	1	18日目
70	51.6	1	
71	60.6	2	
72	50.7	2	
73	47.6	1	19日目
74	49.5	1	
75	57.1	2	
76	55.2	2	
77	55.6	1	20日目
78	55.3	1	
79	62.7	2	
80	51.9	2	
81	48.1	1	21日目
82	50.4	1	
83	55.6	2	
84	55.1	2	
85	46.7	1	22日目
86	52.7	1	
87	49.1	2	
88	56.8	2	
89	48.0	1	23日目
90	49.3	1	
91	52.9	2	
92	48.8	2	
93	52.7	1	24日目
94	57.0	1	
95	57.4	2	
96	58.9	2	
97	51.0	1	25日目
98	51.0	1	
99	45.2	2	
100	51.9	2	

問 3.3　【問 3.1】【問 3.2】の結果から，次にとるべき選択肢を選べ.

① さらに別の月のデータの収集を継続する.

② 不良原因について 4M(人，機械，作業方法，材料)の観点からブレーンストーミングする.

③ 作成した管理図の群内変動に関連する要因についてブレーンストーミングする.

④ 作成した管理図の群間変動に関連する要因についてブレーンストーミングする.

⑤ 作成した管理図を群内変動の要因で層別する.

⑥ 作成した管理図を群間変動の要因で層別する.

⑦ 散布図を用いてデータ分析を行う.

⑧ その他（　　　　　　　　　　　　　　　　　）

1.5　要因解析(その 2)

1.4 節の解析により，塗装膜厚に影響を与える要因の一つは「塗装マシン」だとわかったので，塗装マシンで層別して比較分析することとした.

問 4.1　表 1.3 のデータについて塗装マシンで「層別したヒストグラム」を作成し，得られる情報をそれぞれまとめよ.

問 4.2　表 1.3 のデータについて塗装マシンで「層別した管理図」を作成し，工程の安定状態について判断せよ.

問 4.3　【問 4.1】と【問 4.2】の「層別したヒストグラム」「層別した管理図」から得られた結果をまとめ，次にとるべきアクションについて考察せよ.

1.6 要因検証

1.4節および1.5節で作成したヒストグラムと管理図を見ながらその要因についてグループ・ディスカッションを行い，特性要因図を作成した．その結果，影響が大きいと考えられる要因としては，塗料の粘度とガン距離の2つが挙がった．さらに，塗装マシンNo.1については日間のばらつきが大きく，塗装機2号は日内のばらつきが大きいので，日間の影響を知るために3日間の，さらに日内の影響を知るために午前・午後のデータを採取した．この一部を表1.4と表1.5に示す．

表1.4 塗装機1の測定結果

Sample	塗料粘度	ガン距離	日付	a.m./p.m.	塗装膜厚
1	16.9	153.6	Oct.11	a.m.	47.5
2	17.0	153.0	Oct.11	a.m.	50.2
3	19.9	154.0	Oct.11	a.m.	48.3
4	17.4	148.9	Oct.11	a.m.	48.3
5	19.3	147.8	Oct.11	a.m.	50.3
(省略)					
88	21.5	150.7	Oct.13	p.m.	53.7
89	22.8	147.8	Oct.13	p.m.	53.5
90	20.5	149.9	Oct.13	p.m.	51.9

問5.1 塗装膜厚と各要因との散布図を塗装マシンごとに作成し，考察せよ．

問5.2 【問5.1】の結果から，塗装マシンごとに塗膜厚に影響を与える要因を特定し，特定した要因で層別散布図を作成し，考察せよ．

表 1.5　塗装機 2 の測定結果

Sample	塗料粘度	ガン距離	日付	a.m./p.m.	塗装膜厚
1	20.2	146.6	Oct.11	a.m.	45.1
2	19.7	151.7	Oct.11	a.m.	48.8
3	19.9	150.9	Oct.11	a.m.	49.0
4	20.7	151.9	Oct.11	a.m.	47.9
5	21.2	150.8	Oct.11	a.m.	48.8
(省略)					
88	20.4	150.2	Oct.13	p.m.	52.1
89	20.4	148.6	Oct.13	p.m.	52.1
90	21.0	150.6	Oct.13	p.m.	54.5

1.7　今後の調査・分析計画

以上の分析後に，製造工程記録を詳細に調べたところ，以下の情報をさらに得た.

- 作業者 X と作業者 Y がそれぞれ午前と午後にシフトを組んでいた.
- 10/11 は材料メーカ A，10/12 は材料メーカ B，10/13 は材料メーカ C が納入した材料を使用していた.

問 6　以上のすべての分析結果を踏まえて，次にとるべきアクションについて考察せよ.

◇2 標準解答解説編

問 1.1 表 1.1 のデータを用いてパレート分析を行い，重点指向すべき不良項目を答えよ．

【パレート図の作成】

パレート図の内容については**図 1.1** を参照してほしい．

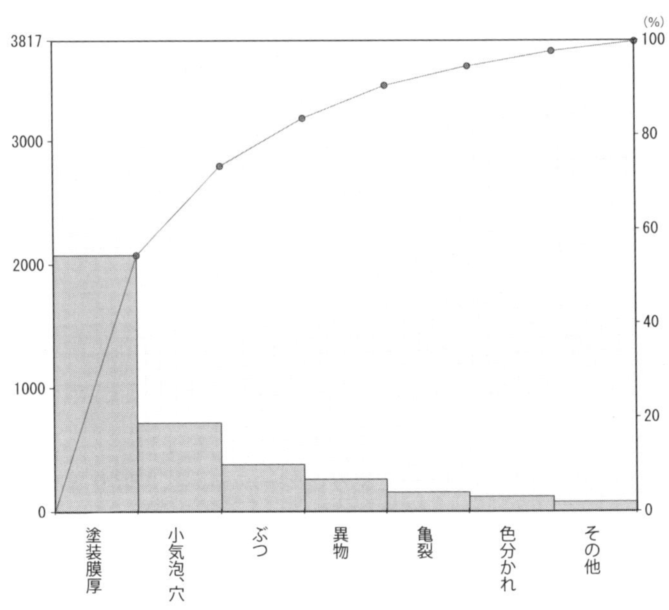

No.	項目	件数	累積	累積比率
1	塗装膜厚	2086	2086	54.7
2	小気泡，穴	721	2807	73.5
3	ぶつ	388	3195	83.7
4	異物	265	3460	90.6
5	亀裂	157	3617	94.8
6	色分かれ	121	3738	97.9
7	その他	79	3817	100.0
	合計	3817	3817	100.0

図 1.1 不良項目についてのパレート図

【得られる情報】

不良発生数で見た，不良項目の順序は以下の順である．

[塗装膜厚]，[小気泡，穴]，[ぶつ]，[異物]，[亀裂]，[色分かれ]，[その他]

不良発生数の一番多い [塗装膜厚] は全体の不良の [約54.7] ％を占めている．

この不良の発生をなくせば，会社の方針である不良の半減が達成 {（できる），できない}．

問 1.2　【問 1.1】の解析結果より，次にとるべき選択肢を選べ．

① 不良原因についてブレーンストーミングを行う．
② プロセスを標準化する．
③ 作業員を教育・訓練する．
④ 原材料の品質を向上する．
⑤ 新しい設備に更新する．
⑥ 不良発生の時系列データを吟味する．
⑦ すべての不良項目に関するデータの収集を開始する．
⑧ 不良の有無の判断に用いた特性値(色合い，膜厚など)データをすべて収集する．
⑨ 不良の有無の判断に用いた特性値データを，抜き取り検査で収集する．
⑩ その他（　　　　　　　　　　　　　　　　　　）

→選択肢：⑥

＜ポイント解説＞

【問 1.1】においては，ある 3 カ月間の不良品数という計数値データを用いているが，「これらが時系列的にどのように発生しているのか」に関する特徴(例えば，「ある特定の日に多く不良が発生しているのか」「周期的に発生しているのか」「毎日コンスタントに発生しているのか」など)を把握できれば，その原因を特定する有力な手掛かりとなり得るため，まずこの段階では選択肢として⑥を選ぶのが最も好ましいと考えられる．

問 2.1　表 1.2 のデータについて管理図で解析し，不良発生数の特徴について考察せよ．

【管理図の作成】

np 管理図の内容については図 1.2 を参照してほしい．

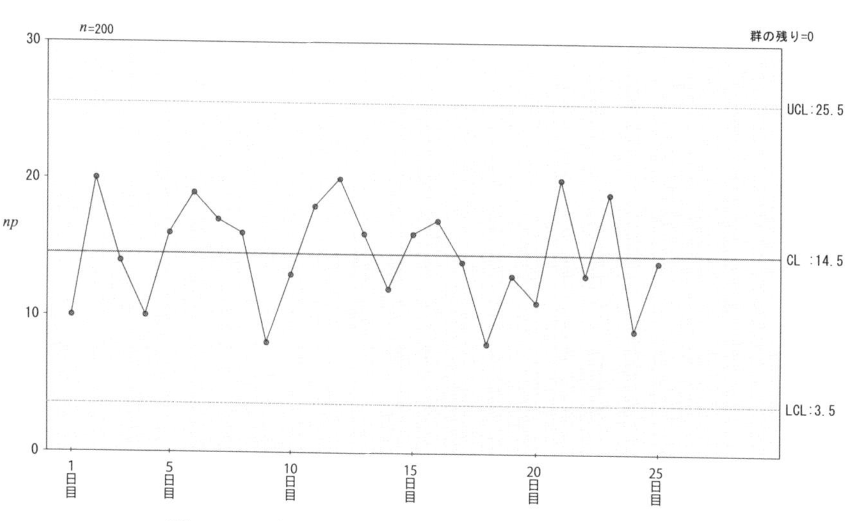

図 1.2　不良発生数(群の大きさが 200)の np 管理図

【得られる情報】

すべての点が管理限界内に { (ある) , ない }.

点の並び方のくせ

- 長さ 7 の連が { ある , (ない) }.
- 中心線の一方に連続して { いる , (いない) }.
- 管理限界線への接近が { ある , (ない) }.
- 上昇あるいは下降の傾向が { ある , (ない) }.
- 周期性が { ある , (ない) }.
- 中心化傾向が { ある , (ない) }.

以上より，工程は安定状態で｛（ある），ない｝．したがって，塗膜厚不良は，｛（慢性型），周期型，突発型，変異型｝の不良である．

問 2.2　【問 2.1】の解析結果より，次にとるべき選択肢を選べ．

① 不良原因についてブレーンストーミングを行う．
② プロセスを標準化する．
③ 作業員を教育・訓練する．
④ 原材料の品質を向上する．
⑤ 新しい設備に更新する．
⑥ 不良発生の時系列データを吟味する．
⑦ すべての不良項目に関するデータの収集を開始する．
⑧ 不良の有無の判断に用いた特性値(色合い，膜厚など)データをすべて収集する．
⑨ 不良の有無の判断に用いた特性値データを，抜き取り検査で収集する．
⑩ その他（　　　　　　　　　　　　　　　　　　　　）

→選択肢：⑨

<ポイント解説>

データには重量や寸法などのような連続した値をもつ計量値データと，不良個数のようにとびとびの離散的な値をもつ計数値データの2種類がある．今回用いた表**1.2**のデータは後者の計数値データであった．一般的に，計数値に比べて計量値のデータのほうが保有する情報量が多い．例えば，不良が出れば1という計数値データを得るが，「その不良品が上限規格または下限規格のどちらを外れたか」については，測定した実際の計量値データがわからなければ，判断できないからである．

したがって，今回の事例においては計数値データからこれ以上得られる有用な情報がないことがわかったため，次に計量値データをとってより詳細に分析してみるのがよい．

問 3.1　表 1.3 のデータについてヒストグラムを作成し，得られる情報をまとめよ.

【ヒストグラムの作成】

全体のヒストグラムについては**図 1.3** を参照してほしい.

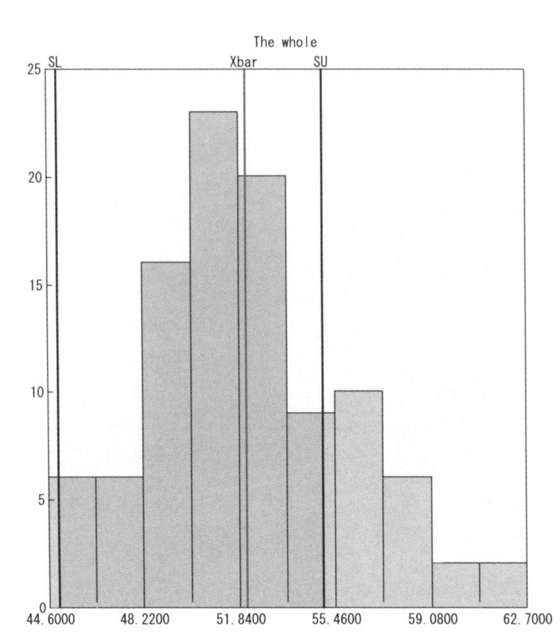

変数番号	1
データ数	100
最小値	44.600
最大値	62.700
平均値	52.1340
標準偏差	3.71204
ひずみ	0.416
とがり	0.045
上限規格値	55.000
下限規格値	45.000
C_p	0.449
C_{pk}	0.257
規格外データ数	25

図 1.3　表 1.3 のデータについてのヒストグラム

【得られる情報】

分布の形は｛ 正規分布形，歯抜け形，右歪み形，左絶壁形，高原形，(二山形)，離れ小島形 ｝のようである.

中心の位置は，平均値 $\bar{x}$ = [52.288] と｛ 規格の中心にある，(上側規格にかたよっている)，下側規格にかたよっている ｝.

ばらつきは，工程能力指数が C_p = [0.44] なので，｛ (大きい)，小さい ｝.

不良品は，発生して｛ いない ，（いる）｝.

問 3.2　表 1.3 のデータについて$\bar{x}-R$ 管理図を作成し，工程の安定状態を判断せよ.

【管理図の作成】

$\bar{X}-R$ 管理図については**図 1.4** を参照してほしい.

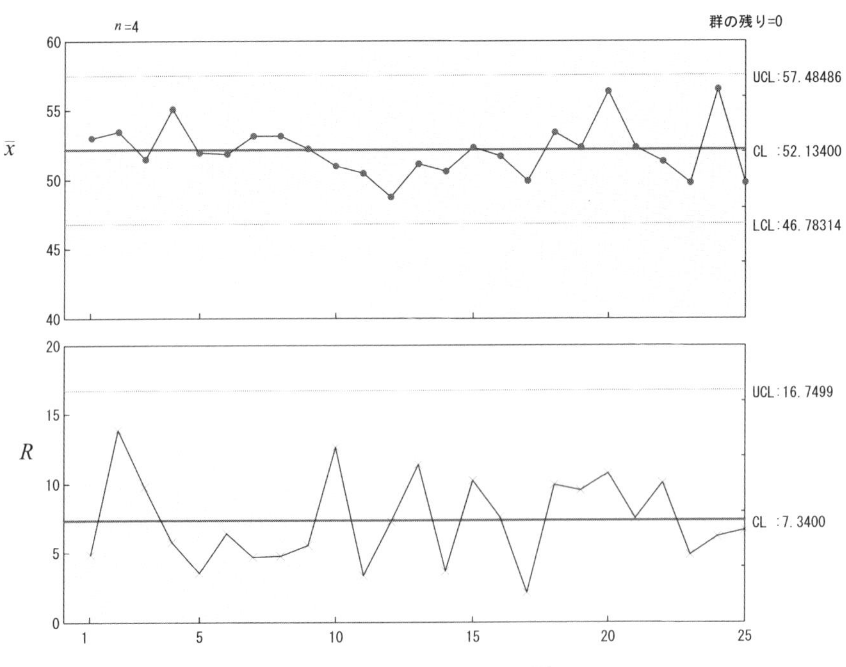

図 1.4　表 1.3 のデータについての$\bar{X}-R$ 管理図

【得られる情報】

① R 管理図

点が管理限界内に｛（ある），ない｝.

点の並び方のくせ.

- 長さ7の連が｛ ある，(ない)｝．中心線の一方に連続して｛ いる，(いない)｝．
- 管理限界線への接近が｛ ある，(ない)｝．周期性が｛ ある，(ない)｝．
- 上昇あるいは下降の傾向が｛ ある，(ない)｝．中心化傾向が｛ ある，(ない)｝．

② $\overline{X}$ 管理図

点が管理限界内に｛ (ある)，ない ｝．

点の並び方のくせ．

- 長さ7の連が｛ ある，(ない)｝．中心線の一方に連続して｛ いる，(いない)｝．
- 管理限界線への接近が｛ ある，(ない)｝．周期性が｛ ある，(ない)｝．
- 上昇あるいは下降の傾向が｛ ある，(ない)｝．中心化傾向が｛ ある，(ない)｝．

したがって，工程は安定状態で｛ (ある)，ない ｝．

問 3.3 【問 3.1】【問 3.2】の結果から，次にとるべき選択肢を選べ．

① さらに別の月のデータの収集を継続する．

② 不良原因について 4M(人，機械，作業方法，材料)の観点からブレーンストーミングする．

③ 作成した管理図の群内変動に関連する要因についてブレーンストーミングする．

④ 作成した管理図の群間変動に関連する要因についてブレーンストーミングする．

⑤ 作成した管理図を群内変動の要因で層別する．

⑥ 作成した管理図を群間変動の要因で層別する．

⑦ 散布図を用いてデータ分析を行う．

⑧ その他（　　　　　　　　　　　　　　　　　　　　　　　）

→選択肢：⑤または③

＜ポイント解説＞

この問題は,「ヒストグラムと管理図から得られた結果をいかに組み合わせて有用な知見を得るか」が問われている問題である.

一般的な解釈については**表1.6**に示す.

表1.6　ヒストグラムと管理図の組合せ

		管理図	
		安定している	**安定していない**
ヒストグラム	**問題がない**	○ (現状維持)	ケース②
	問題がある	ケース①	× (要改善)

この**表1.6**からわかるとおり,「ヒストグラムでは問題がなく,管理図では工程が安定している」と判断できる場合は,その工程を維持していけばよい.また逆に,ヒストグラムで問題があり,管理図から工程が安定していないのなら,狙いの値の変更を検討するとともに工程ばらつきを改善する必要がある.

今回の事例のように,「ヒストグラムには問題がある」とわかる一方で,「管理図では工程が安定している」と判断された場合(**表1.6**中のケース①)は,「管理図における群間ばらつきに比べて群内のばらつきが大きくなっている」と判断でき,これによって上限と下限の管理限界線の幅が広くなり,見かけ上,すべてのプロットが管理限界線内に入って工程が安定しているように見えるだけである.したがって,この場合は群内変動のばらつき(すなわち,塗装マシン間の違い)に着目してさらに分析していくのがセオリーとなる.

なお,ケース②の場合には,一見すると「問題がなく改善しなくてもよい」と思われるかもしれないが,そうではない.管理図から「工程が安定していない」と判断されたということは,今回用いたサンプルデータを収集した時期においては,たまたますべての製品が規格値内に入っており,「ヒストグラムからは問題がない」と判断されたかもしれず，今後もそうであり続ける保証は何もないということである．つまり，ケース②についても工程が安定しない原因を分析し，改善していく必要がある．

問 4.1　表 1.3 のデータについて塗装マシンで「層別したヒストグラム」を作成し，得られる情報をそれぞれまとめよ．

【ヒストグラムの作成】

「層別ヒストグラム」については**図 1.5** を参照してほしい．

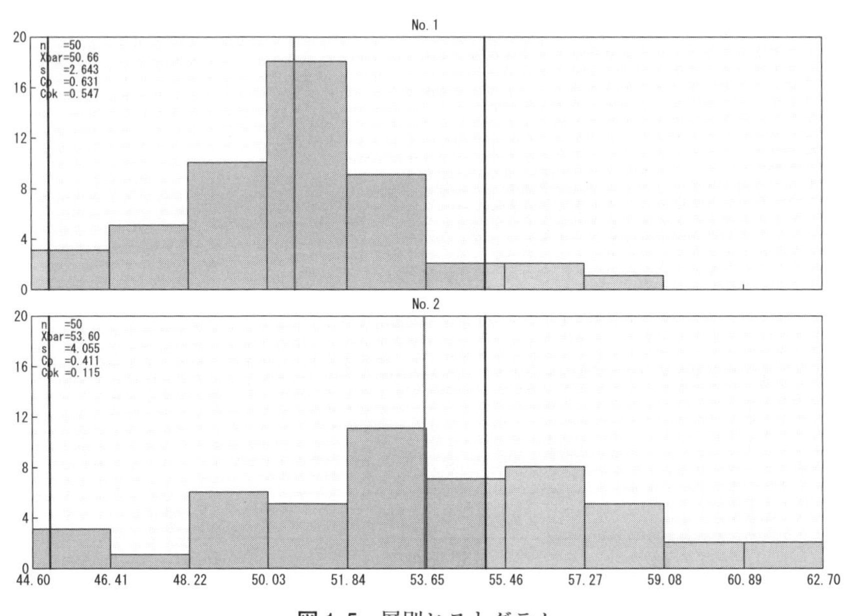

図 1.5　層別ヒストグラム

【得られる情報】

①　塗装マシン No.1

• 分布の形は｛ (正規分布形) ，歯抜け形 ，右歪み形 ，左絶壁形 ，高原形，二山形，離れ小島形｝のようである．

- 中心の位置は，平均値 $\bar{x}$ = 50.664 と｛規格の中心にある，(上側規格にかたよっている)，下側規格にかたよっている｝．
- ばらつきは，工程能力指数が C_p = 0.63 なので，｛(大きい)，小さい｝．不良品は，発生して｛いない，(いる)｝．

② 塗装マシン No.2

- 分布の形は｛正規分布形，歯抜け形，右歪み形，左絶壁形，高原形，(二山形)，離れ小島形｝のようである．
- 中心の位置は，平均値 $\bar{x}$ = 53.912 と｛規格の中心にある，(上側規格にかたよっている)，下側規格にかたよっている｝．
- ばらつきは，工程能力指数が C_p = 0.40 なので，｛(大きい)，小さい｝．不良品は，発生して｛いない，(いる)｝．

③ 塗装マシン No.1 と No.2 の比較

- 分布の形に違いは｛ない，(ある)｝．
- 平均値に違いは｛ない，(ある)｝．
- ばらつきに違いは｛ない，(ある)｝．
- 不良品の出方に違いは｛(ない)，ある｝．

以上から塗装マシン No.1 と No.2 を比較すると，**表1.7**のようになる．

表1.7　塗装マシン間の違い

	塗装マシン No.1	**塗装マシン No.2**
分布の形	正規分布形	二山形
中心の位置	中央	上側
$\bar{x}$	50.664	53.604
C_p	0.63	0.41
データのばらつき	大きい	大きい
不良の有無	発生している	発生している

問 4.2　表 1.3 のデータについて塗装マシンで「層別した管理図」を作成し，工程の安定状態について判断せよ．

【管理図の作成】

塗装マシン No.1 と No.2 の管理図はそれぞれ**図 1.6** と**図 1.7** のようになる．

【得られる情報】

① 塗装マシン No.1

- R 管理図

　—点が管理限界内に｛ (ある) ， ない ｝.

　—点の並び方にくせが｛ ある ， (ない) ｝.

- $\overline{X}$ 管理図

　—点が管理限界内に｛ ある ， (ない) ｝.

　—点の並び方にくせが｛ ある ， (ない) ｝.

したがって，工程は安定状態で｛ ある ， (ない) ｝

② 塗装マシン No.2

- R 管理図

　—点が管理限界内に｛ (ある) ， ない ｝.

　—点の並び方にくせが｛ ある ， (ない) ｝.

- $\overline{X}$ 管理図

　—点が管理限界内に｛ (ある) ， ない ｝.

　—点の並び方にくせが｛ ある ， (ない) ｝.

したがって，工程は安定状態で｛ (ある) ， ない ｝

塗装マシン No.1 と No.2 とを比較すると，塗装マシン No.1 は｛ (日間) ，日内 ｝に問題があり，塗装マシン No.2 は｛ 日間 ， (日内) ｝に問題がありそうである．

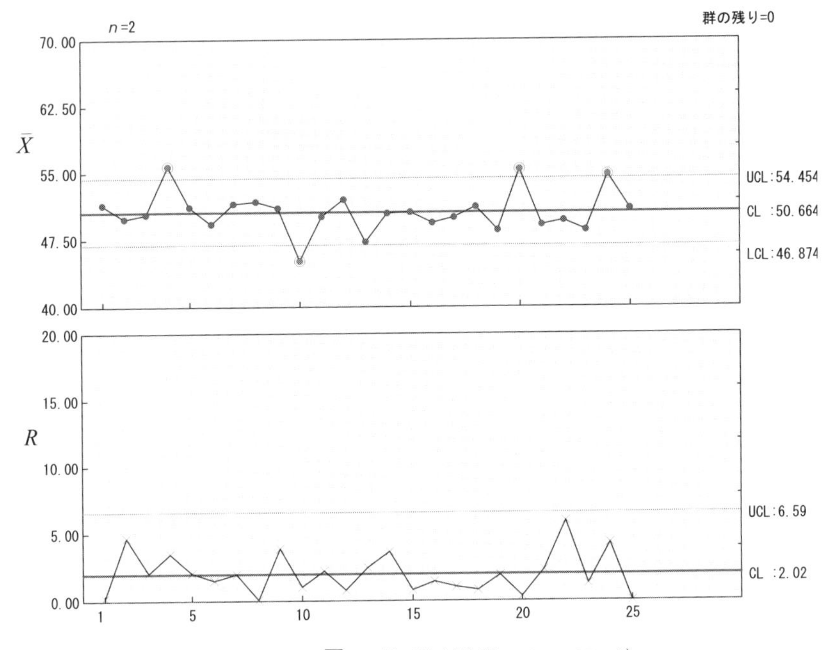

図1.6　層別 $\overline{X}-R$ 管理図（塗装マシン No.1）

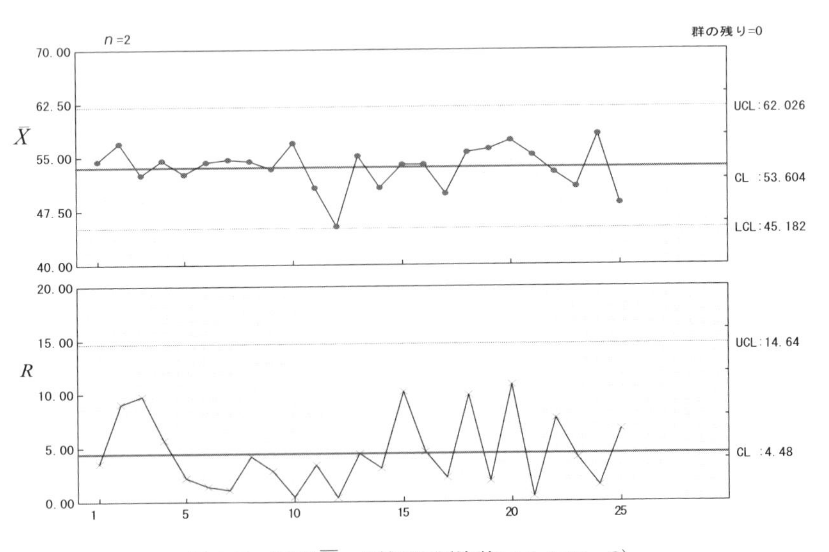

図1.7　層別 $\overline{X}-R$ 管理図（塗装マシン No.2）

問 4.3 【問 4.1】と【問 4.2】の「層別したヒストグラム」「層別した管理図」から得られた結果をまとめ，次にとるべきアクションについて考察せよ.

得られた結果をまとめると表 1.8 のようになる.

表 1.8 得られた結果の整理

	塗装マシン No.1	塗装マシン No.2	塗装マシン間の違い
ヒストグラムから得られた結果	• 分布の形：一般形 • 中心位置：一致している. • ばらつき：大きい. • 不良：発生している.	• 分布の形：離れ小島 • 中心位置：上側に偏っている. • ばらつき：大きい. • 不良：発生している.	No.1 はばらつき問題であるが，No.2 は平均値問題とばらつき問題の両方.
管理図から得られた結果	• R：安定状態. • $\overline{X}$：安定状態でない.	• R：安定状態でない. • $\overline{X}$：安定状態.	No.1 は $\overline{X}$ に問題があり，No.2 は R に問題がある.

【結論(次にとるべきアクション)】

［解答例］

- 塗装マシン No.1 は日間変動に関わる要因に問題がある可能性が大きいので，それを調査する.
- 塗装マシン No.2 は日内変動に関わる要因に問題がある可能性が大きいので，それを調査する.

問 5.1 塗装膜厚と各要因との散布図を塗装マシンごとに作成し，考察せよ.

それぞれ，図 1.8～図 1.11 のようになる.

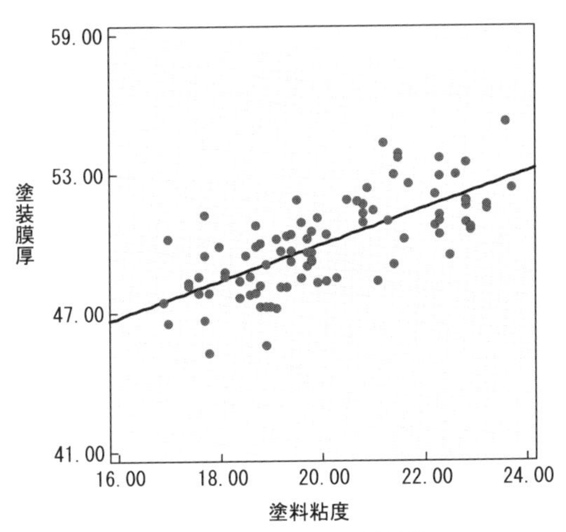

項目	横軸	縦軸
変数番号	2	6
変数名	塗料粘度	塗装膜厚
データ数	90	90
最小値	16.9	45.3
最大値	23.7	55.2
平均値	20.09	50.03
標準偏差	1.821	2.012
相関係数	0.711	—
回帰定数	34.238	—
回帰係数1次	0.786	—
t値	9.497	—
p値(両側)	0.000	—

図1.8　散布図(塗装マシンNo.1)：塗装膜厚と塗料粘度の関係

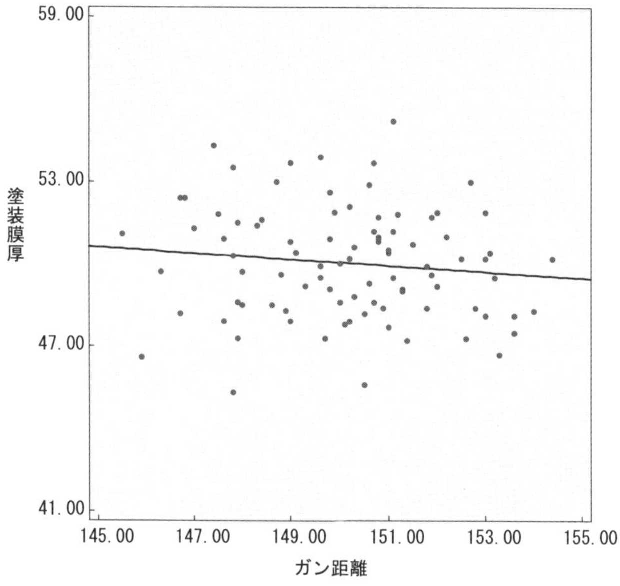

項目	横軸	縦軸
変数番号	3	6
変数名	ガン距離	塗装膜厚
データ数	90	90
最小値	145.5	45.3
最大値	154.4	55.2
平均値	150.16	50.03
標準偏差	2.018	2.012
相関係数	-0.113	—
回帰定数	66.893	—
回帰係数1次	-0.112	—
t 値	-1.063	—
p 値(両側)	0.291	—

図 1.9　散布図(塗装マシン No.1)：塗装膜厚とガン距離の関係

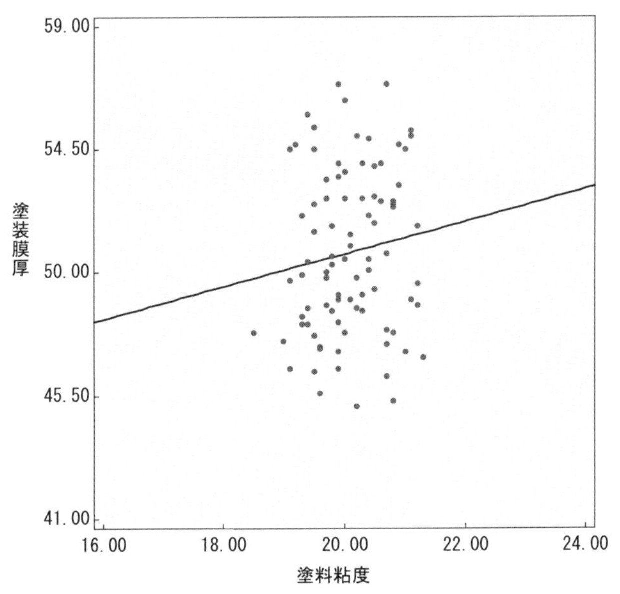

項目	横軸	縦軸
変数番号	2	6
変数名	塗料粘度	塗装膜厚
データ数	90	90
最小値	18.5	45.1
最大値	21.3	56.9
平均値	20.09	50.74
標準偏差	0.618	2.960
相関係数	0.124	—
回帰定数	38.774	—
回帰係数1次	0.596	—
t 値	1.177	—
p 値(両側)	0.243	—

図1.10　散布図(塗装マシン No.2)：塗装膜厚と塗料粘度の関係

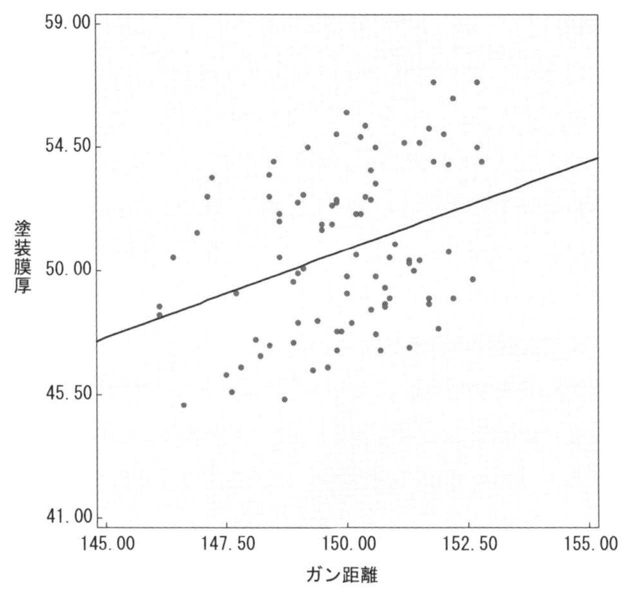

項目	横軸	縦軸
変数番号	3	6
変数名	ガン距離	塗装膜厚
データ数	90	90
最小値	146.1	45.1
最大値	152.8	56.9
平均値	149.92	50.74
標準偏差	1.600	2.960
相関係数	0.348	—
回帰定数	-45.918	—
回帰係数1次	0.645	—
t 値	3.488	—
p 値(両側)	0.001	—

図 1.11 散布図(塗装マシン No.2)：塗装膜厚とガン距離の関係

【得られる情報】

① 塗装マシン No.1

- 塗料粘度と塗膜厚の散布図で点の散らばり方にくせが｛ (ある) ，ない ｝.
- ガン距離と塗膜厚の散布図で点の散らばり方にくせが｛ ある ，(ない) ｝.
- 塗料粘度と塗膜厚とは｛ (正の) ，無 ，負の ｝相関である.
- ガン距離と塗膜厚とは｛ 正の ，(無) ，負の ｝相関である.

② 塗装マシン No.2

- 塗料粘度と塗膜厚の散布図で点の散らばり方にくせが｛ ある ，(ない) ｝.
- ガン距離と塗膜厚の散布図で点の散らばり方にくせが｛ (ある) ，ない ｝.
- 塗料粘度と塗膜厚とは｛ 正の ，(無) ，負の ｝相関である.
- ガン距離と塗膜厚とは｛ (正の) ，無 ，負の ｝相関である.

問 5.2 【問 5.1】の結果から，塗装マシンごとに塗膜厚に影響を与える要因を特定し，特定した要因で層別散布図を作成し，考察せよ.

【散布図の作成】

塗装マシン No.1 については「日付による層別散布図」は**図 1.12**，塗装マシン No.2 については「日内変動の a.m./p.m.による層別散布図」は**図 1.13** のようになる.

【得られる情報】

① 塗装マシン No.1

- 塗料粘度と塗膜厚とを｛ (日) ，午前・午後 ｝で層別すると，相関関係が｛ 強く ，(弱く) ｝なる.

② 塗装マシン No.2

- ガン距離と塗膜厚とを｛ 日 ，(午前・午後) ｝で層別すると，相関関係が｛ (強く) ，弱く ｝なる.

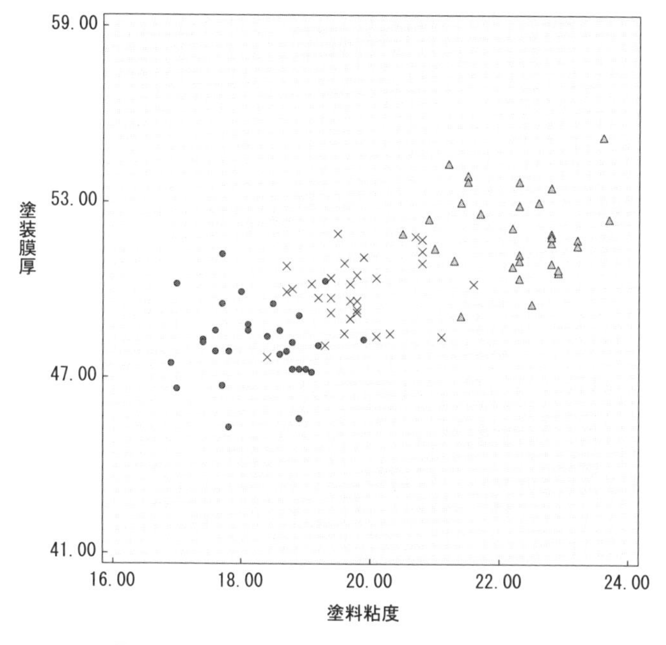

No.	種類	日付
1	○	Oct. 11
2	×	Oct. 12
3	△	Oct. 13

図 1.12　層別散布図(塗装マシン No.1)：「日付」による層別

＜ポイント解説＞

この問題では，「どのような因子で散布図を層別すべきか」が問われている問題である．この問題に存在する層別因子は，塗装マシン(No.1，No.2)，シフト(a.m.，p.m.)，日付 (Oct.11，Oct.12，Oct.13)である．すでに塗装マシンの間に大きな違いがあることはわかっているので，それ以外のシフトと日付の 2 つが層別因子の候補となる．ここで，よく注意せずに安易に層別散布図を作成しようと思えば，塗装マシンごとに 2 つの層別散布図(合計で 4 つの層別散布図)が得られることになる．

しかし，【問 4.3】から，「塗装マシン No.1 は日間変動，塗装マシン No.2

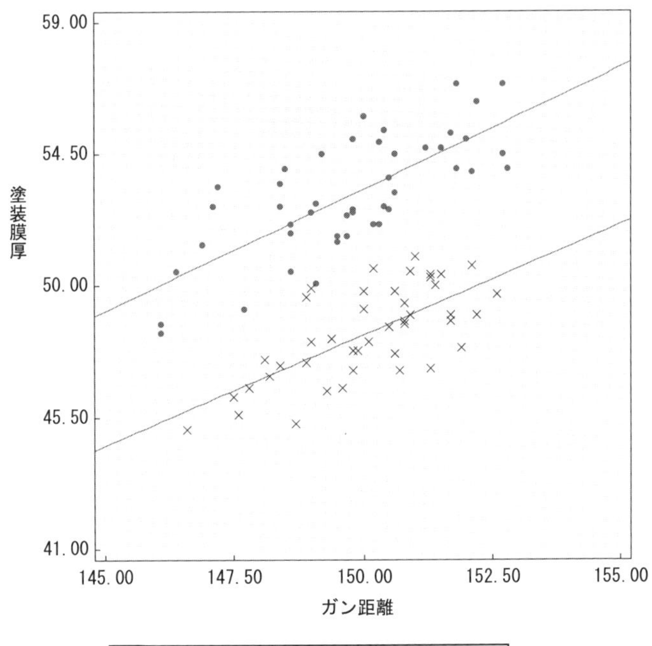

No.	種類	a.m/p.m.
1	○	p.m.
2	×	a.m.

図 1.13　層別散布図(塗装マシン No.2)

は日内変動に着目すべきである」との情報を得ているため，塗装マシン No.1 では日付，塗装マシン No.2 ではシフトのみを用いて層別すればよい(つまり，合計で 2 つの層別散布図のみ作成すればよい)ことがわかる．

このように，本来は 2 つのみでよかったが 4 つの層別散布図を作成してしまうことは些細な問題であるようにも思えるかもしれない．しかし，実際のデータ分析においては，10〜20 もの層別因子になりうるものが存在することが多々ある．このようなときに，そのすべての組合せで層別散布図を作ることは時間がかかるばかりでなく，不要な情報が目の前に多く存在していることで，本当に重要な情報を見逃すことにつながりかねないと留意しておくべきである．

問6 以上のすべての分析結果を踏まえて，次にとるべきアクションについて考察せよ．

【塗装マシン No.1 に関して】

［解答例］ 塗装マシン No.1 に関しては，日付による層別をした結果，塗料粘度と塗装膜厚の相関関係が弱くなったため，両者の相関関係は擬似相関であったことがわかった．また，塗料粘度以外で，日付による違いに影響を与える次の要因候補として，材料メーカが挙がった．したがって，次にとるべきアクションとしては，「材料メーカによって違いが出たのはなぜか」を調べる必要がある．

【塗装マシン No.2 に関して】

［解答例］ 塗装マシン No.2 に関しては，午前・午後による層別をした結果，ガン距離と塗装膜厚の相関関係が強くなったため，両者の相関関係をデータで検証できた．また，午前・午後で傾きが大きく異なっているが，この原因が作業者(X と Y)の違いであることもわかった．したがって，次にとるべきアクションとしては，「作業者 X と Y の間でこのような違いが出たのはなぜか」を調べる必要がある．

■演習問題 1 のまとめ

本演習問題を通じて学ぶべき事柄を以下の 3 つに整理して解説する．

(1) QC ストーリーは実際の問題解決の羅針盤である．

本書の読者の多くは QC ストーリーといわれる問題解決のステップを知っているだろう．これは問題解決の際に理解しておくべき非常に重要な知識であり，実際の問題解決を行う際の羅針盤である．本演習問題においては，現状把握をして何か問題があればその問題について焦点を当てて，さらに深い現状把握を繰り返しながら，問題が発生した要因を特定していく経緯を体験してもらえたと思う．つまり，QC ストーリーで示されたステップの順番どおり，すなわち一方通行的な流れで実際に問題解決が進むわけはなく行ったり来たりが繰り返されること，そしてその繰返しがありながらも鳥瞰図的な視点で大きく捉えることで QC ストーリーの流れになっている点が重要である．本演習問題を通じて，これをぜひ理解してほしい．

(2)　要因に対する仮説と事実は常に区別する．

本演習問題において，当初は「塗装膜厚には塗装粘土とガン距離が影響しているであろう」という仮説を立てたが，実際にデータで見てみると「塗装マシンによって影響が異なる」という事実がわかっている．また，塗装マシン No.1 においては，塗装粘土と塗装膜厚の間に強い相関関係があることが散布図を作成してわかったので，「これらの両者の間に因果関係があるかもしれない」という仮説を立てたが，日付で層別した後にはそれが擬似相関である事実がわかり，当初の仮説が正しくないことがわかっている．

このように，問題の発生メカニズムがよくわかっていない混沌とした状況において問題解決を進める際には，「現時点で何がわかっているのか(＝事実)」「そこからどのような仮説を導くことができるか」「その仮説が本当に正しいかどうか」について「どのようにデータで根拠をもって示していくか」と筋道を立てていく思考がとても重要となる．どんなに高価な統計ソフトであっても，この点を教示してくれるわけではないため，これは分析者側が常に意識しておくべき考え方なのである．

(3)　適切な手法を選択する．

本演習問題で使った手法はヒストグラム，np 管理図，$\overline{X}-R$ 管理図，散布図及びその層別のみである．ときには高度は解析手法を用いることが必要であるが，たったこれだけの手法であっても，それを駆使することができれば，問題解決に十分に役立てることができることを理解してほしい．

また，これらの手法はあくまでも手法であって，ヒストグラムや管理図を作成することが目的ではない．あくまでも目的は，「これらの手法を用いて問題解決に役立つ情報を得ること」である．逆にいえば，「問題解決に役立つ情報をどのようにすれば得られるのか」「そのためにはどのような手法を用いればよいか」について，慎重に行うべきである．もし不安があるのであれば，本シリーズの第１巻～第３巻で該当する手法の解説部分を読み返してほしい．

演習問題 2
プラスチック製品の寸法不良の低減

① 問題編

2.1 解決すべき問題

A 社では，厚さの異なる 2 種類のプラスチック板(品種 C1(厚さ 0.21mm)，品種 C2(厚さ 0.35mm))を切断，熱処理し，製品を成形している．コスト削減のため，プラスチック板の仕入れ先を X 社から Y 社へ変更することとなり，試作品を作成し評価を行ったところ，完成製品の寸法不良が発生することが予想された．そこで，さらにデータを収集し，不良の出方を解析して，改善策を検討することとなった．

製造工程の概要は次のとおりである．

- 切断機でプラスチック板を縦 50.0mm × 横 50.0mm の正方形に切断する．
- 熱処理機(上下 2 段)に切断したプラスチック板を複数枚置き，熱処理する．
- 熱処理機から取り出し，冷却し，製品を成形する．なお，熱処理を施すと，製品が収縮する．完成品の寸法の規格値は，縦・横ともに 21.5mm～23.5mm である．

2.2　現状把握(その1)

まず,「寸法不良がどの程度発生しているのか」を把握するため,完成品の縦・横の寸法を測定することにした.熱処理機の上段・下段の違いを考察できるように,1回の熱処理につき,上段・下段それぞれからC1,C2の完成品を1つずつ抜き取り,寸法を測定した.上段・下段には,C1,C2の製品が複数乗っており,そのなかから各品種1つずつをサンプリングする.同様に,熱処理30回分のデータを収集した.各段内の位置による熱処理のばらつき(熱の伝わり方など)がないことは,過去の知見から明らかになっている.

なお,測定位置にばらつきが生じないように,プラスチック板を50.0mm × 50.0mmの正方形に切断した後に,縦・横ともに中心線を引く(熱処理後も消えない)ことにした.これらの概要図を**図2.1**に示す.また,収集したデータは**表2.1**のとおりである.

問1.1　**表2.1のデータについて,品種で層別したヒストグラム(縦・横)を作成し,分布の状況について考察せよ.**

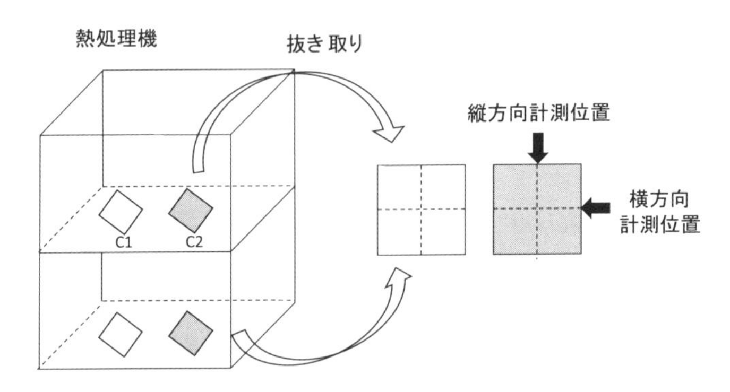

図2.1　完成品の抜き取りと寸法測定の概要図

表 2.1 完成品の寸法測定データ(単位：mm)

回数	熱処理機　上段				熱処理機　下段			
	C1		C2		C1		C2	
	縦	横	縦	横	縦	横	縦	横
1	21.7	22.3	23.8	24.2	22.5	21.3	21.6	23.8
2	23.2	22.0	23.3	23.1	22.8	21.0	21.8	23.6
3	21.2	21.1	22.6	23.7	22.6	21.9	20.1	22.5
4	22.8	21.2	20.2	22.1	21.3	21.4	24.2	24.4
5	22.2	21.4	20.6	23.0	22.6	21.2	21.8	23.4
6	21.5	21.7	22.8	23.2	20.8	20.1	22.0	24.7
7	22.1	21.7	21.2	23.0	20.9	21.0	23.0	22.7
8	21.9	21.2	20.7	22.8	22.1	21.7	23.1	22.9
9	21.2	21.4	22.6	23.0	22.1	20.9	23.3	23.0
10	20.8	20.2	21.6	23.2	23.0	21.3	22.0	23.3
11	22.2	21.7	22.9	23.1	23.4	22.4	21.9	23.2
12	22.5	21.7	22.7	24.3	21.1	21.6	23.6	23.7
13	22.5	20.6	23.0	23.8	20.7	21.0	22.2	22.5
14	22.3	22.3	21.8	24.4	22.5	20.6	22.0	23.8
15	23.1	21.5	22.2	22.6	21.7	21.5	22.4	23.5
16	22.1	21.0	23.1	23.9	21.5	21.0	23.1	23.1
17	21.5	21.6	23.0	23.4	21.3	20.8	20.8	22.3
18	20.3	20.8	21.7	22.6	21.7	21.4	21.0	23.2
19	21.1	21.3	22.2	23.8	20.5	20.1	22.0	23.8
20	21.8	20.7	20.4	23.2	22.0	21.0	22.1	23.4
21	21.4	21.3	21.2	24.4	21.8	21.0	23.3	23.1
22	20.3	21.0	22.0	23.8	22.1	21.4	25.0	24.5
23	22.1	21.2	21.0	22.9	21.2	22.0	20.9	23.7
24	21.0	21.4	21.0	23.1	20.1	20.8	22.5	22.6
25	21.1	21.3	21.1	24.5	21.8	21.5	22.6	22.2
26	21.9	21.1	22.7	23.7	21.6	22.0	22.9	23.2
27	22.7	22.8	22.1	22.1	22.5	21.8	21.9	22.6
28	20.5	20.9	22.5	23.0	20.8	21.4	22.9	23.0
29	22.3	21.0	21.6	23.1	21.2	22.3	21.2	22.0
30	21.2	21.3	22.0	23.5	21.7	21.7	21.4	23.5

問 1.2　【問 1.1】の解析結果より，次にとるべきアクションとして最も適当なものを選択肢のなかから選べ(複数選択可).

① 同様の方法でデータの収集を継続する.

② 不良品を1つずつ確認し，不良原因を考察する.

③ 不良原因について4M(人，機械，作業方法，材料)の観点からブレーンストーミングする.

④ 縦，横を区別せずに，全データを用いたヒストグラムを作成する.

⑤ 品種ごとに熱処理機の上段・下段で層別したヒストグラムを作成する.

⑥ 作業員を教育・訓練する.

⑦ 新しい熱処理機を購入する.

⑧ その他（　　　　　　　　　　　　　　　　　　　　　　　　）

2.3　現状把握(その2)

さらに不良の出方を調べるため，品種ごとに熱処理機の上段・下段で層別して分析することとした.

問 2.1　表 2.1 のデータについて，品種ごとに熱処理機の上段・下段で層別したヒストグラム(縦・横)を作成し，分布の状況について考察せよ.

問 2.2　【問 2.1】の層別ヒストグラムから得られた結果より，次にとるべきアクションとして最も適当なものを選択肢のなかから選べ(複数選択可).

① 新たなデータを収集し，【問 1.1】【問 2.1】と同様の傾向が見られるか確認する.

② ヒストグラムでは時系列の変化を確認することができないため，管理図を作成する．その際，熱処理機の上段・下段で層別した管理図を作成したほうがよいため，$X-R$ 管理図を作成する.

③ ヒストグラムでは時系列の変化を確認することができないため，管理

図を作成する．その際，熱処理の各回における上段・下段の2つのデータを用いて$\overline{X}-R$管理図を作成する．

④ ヒストグラムでは時系列の変化を確認することができないため，管理図を作成する．その際，熱処理の各回における不良品数を数え，np管理図を作成する．

⑤ 作業員を教育・訓練する．

⑥ 新しい熱処理機を購入する．

⑦ その他（ ）

2.4 現状把握(その3)

時系列での変化の有無を確認するため，管理図を作成して分析することとした．

問3.1 品種で層別した$\overline{X}-R$管理図(縦・横)を作成し，工程の安定状態について考察せよ．

問3.2 【問1.1】～【問3.1】の結果から，次にとるべきアクションを考察せよ．

2.5 要因の整理

これまでに明らかとなった不良の出方から現場の技術スタッフと製造担当者が集まって議論をしながら特性要因図を作成し，要因を整理することとなった．

問4 2.2節～2.4節の結果より，特性要因図のトップ事象(品質特性)にはどのようなことを書けばよいか．3つ挙げよ．一例として，「品種によって不良の出方に違いがある」をトップ事象とした特性要因図を図2.2に示す．

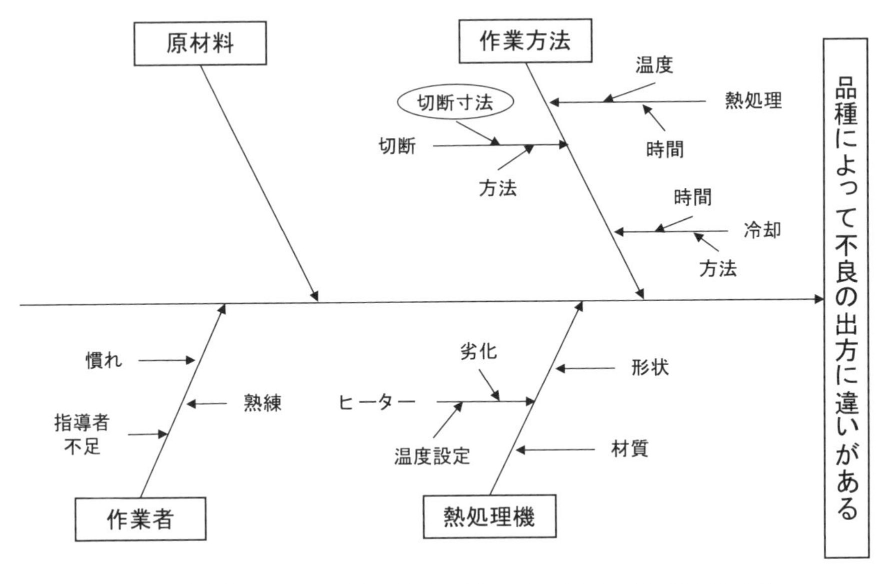

図2.2 「品種によって不良の出方に違いがある」の特性要因図の例

2.6 要因解析

2.2節で作成した品種ごとのヒストグラムより，品種によって，また同一品種であっても縦・横方向によって完成品の寸法データの平均値に大きな差があることがわかった．これは，品種また縦・横方向によって収縮率が異なることを意味する．しかし，従来の原材料のときと同様に，2つの品種で同じ切断寸法(50.0mm × 50.0mm)としていた．そこで，まずは切断寸法を見直し，寸法データの平均値(分布の中心)を規格の中心にもっていくよう改善することとし，その後，ばらつきの低減を検討することにした．

切断寸法を見直すため，各品種の縦・横方向に対し，現状値を含む5つの切断寸法を定め，これを狙いの寸法にして切断し，切断寸法と完成品の寸法の関係を調べる．その結果をもとに，今後の切断寸法を検討することにした．**3.2節**のヒストグラムより，C1縦方向の完成品寸法データの平均値は21.74mm,

横方向の平均値は21.33mm，C2縦方向の平均値は22.14mm，横方向の平均値は23.30mmであった．そこで，これらの平均値より**表2.2**のように各品種の縦・横方向の切断寸法を定め，これを狙いに切断し，製品を成形して完成品の寸法を測定する．

各切断寸法において5個ずつ，計25個の製品を成形し，**表2.3**(品種C1)，**表2.4**(品種C2)のようなデータを収集した(40～41頁参照)．

表2.2 要因解析実験における各品種の狙いとなる切断寸法(単位：mm)

C1		C2	
縦	横	縦	横
50.0(現状)	50.0(現状)	50.0(現状)	50.0(現状)
52.0	55.0	51.0	48.0
54.0	60.0	52.0	46.0
56.0	65.0	53.0	44.0
58.0	70.0	54.0	42.0

問5.1 表2.3，表2.4のデータを用いて，**各品種の縦・横方向ごとに，切断後寸法と完成品寸法の散布図を作成し，考察せよ．**

問5.2 **【問5.1】で作成した散布図をもとに，各品種の縦・横方向の切断寸法を，おおよそどのような値に設定すればよいか検討せよ．もし，検討することが難しい場合は，その理由を述べよ．**

2.7 まとめと今後の調査計画

問6 **以上の結果をまとめ，今後，どのような調査，分析をすべきか考察せよ．**

表2.3　C1の狙い寸法および切断後寸法と完成品寸法の測定データ(単位：mm)

No.	狙い寸法		切断後寸法		完成品寸法	
	縦	横	縦	横	縦	横
1	50.0	50.0	50.1	50.0	19.3	21.8
2	50.0	50.0	49.9	50.0	22.3	21.6
3	50.0	50.0	49.9	49.6	22.2	21.0
4	50.0	50.0	50.1	50.2	20.9	21.6
5	50.0	50.0	50.2	50.2	21.6	21.9
6	52.0	55.0	52.3	55.0	23.1	23.2
7	52.0	55.0	52.0	55.2	22.2	21.6
8	52.0	55.0	52.1	55.0	21.6	22.1
9	52.0	55.0	51.9	54.8	20.7	21.5
10	52.0	55.0	51.9	55.0	22.6	22.6
11	54.0	60.0	54.3	59.6	23.7	23.0
12	54.0	60.0	54.1	60.0	20.9	21.8
13	54.0	60.0	54.1	59.7	22.8	21.7
14	54.0	60.0	54.1	59.8	22.1	22.1
15	54.0	60.0	53.9	60.1	22.9	22.4
16	56.0	65.0	56.1	64.9	20.3	23.8
17	56.0	65.0	55.9	64.9	24.5	22.7
18	56.0	65.0	55.7	64.6	21.7	23.0
19	56.0	65.0	56.3	64.9	22.0	22.9
20	56.0	65.0	56.0	65.1	21.6	22.0
21	58.0	70.0	57.9	69.8	21.4	23.5
22	58.0	70.0	58.0	69.9	23.3	22.6
23	58.0	70.0	58.1	69.9	24.8	22.7
24	58.0	70.0	58.0	69.8	20.2	23.6
25	58.0	70.0	58.2	70.3	23.3	23.7

表 2.4 C2の狙い寸法および切断後寸法と完成品寸法の測定データ(単位：mm)

No.	狙い寸法		切断後寸法		完成品寸法	
	縦	横	縦	横	縦	横
1	50.0	50.0	49.7	49.7	21.4	22.6
2	50.0	50.0	50.1	50.0	21.3	23.9
3	50.0	50.0	50.2	49.6	20.9	23.0
4	50.0	50.0	50.2	50.0	22.5	23.5
5	50.0	50.0	49.9	50.1	22.1	23.4
6	51.0	48.0	50.8	48.2	21.2	23.4
7	51.0	48.0	51.0	47.7	22.7	24.1
8	51.0	48.0	51.0	48.2	21.1	24.2
9	51.0	48.0	51.1	47.8	23.2	22.4
10	51.0	48.0	50.6	48.2	22.0	22.7
11	52.0	46.0	51.9	46.2	24.0	21.3
12	52.0	46.0	52.2	45.8	21.4	23.7
13	52.0	46.0	51.8	46.2	22.0	22.5
14	52.0	46.0	52.4	46.2	22.2	23.1
15	52.0	46.0	52.1	45.8	23.1	23.7
16	53.0	44.0	53.0	43.8	24.3	21.6
17	53.0	44.0	53.2	44.0	22.7	22.0
18	53.0	44.0	53.0	43.6	21.1	23.1
19	53.0	44.0	53.1	43.9	22.1	22.8
20	53.0	44.0	53.0	44.4	21.7	21.9
21	54.0	42.0	54.1	42.2	21.7	21.9
22	54.0	42.0	54.3	42.1	22.4	22.5
23	54.0	42.0	53.8	42.0	20.9	21.5
24	54.0	42.0	54.3	41.7	24.3	22.8
25	54.0	42.0	53.6	42.3	22.8	22.3

②　標準解答解説編

問1.1　表2.1のデータについて，品種で層別したヒストグラム(縦・横)を作成し，分布の状況について考察せよ．

【ヒストグラムの作成】

ヒストグラムの比較を容易にするため，それぞれのヒストグラムの境界値，区間の幅，区間数は同一にしておいたほうがよい．各層でデータ数は60と同じであるが，最大値・最小値が異なる．下側境界値およびヒストグラムの区間の幅は，最大値・最小値をもとに計算する．そこで，各品種の縦・横それぞれの寸法測定データ(上段・下段のデータは混在)の最大値・最小値を**表2.5**のように整理した．

表2.5　各層の寸法測定データの最大値，最小値(単位：mm)

	C1		C2	
	縦	横	縦	横
最大値	23.4	22.8	25.0	24.7
最小値	20.1	20.1	20.1	22.0

表2.5より，C1縦，C1横，C2縦の最小値が20.1mmであり，C2縦の最大値・最小値の差がもっとも大きいことがわかる．そこで，C2縦の最大値・最小値を用いて，境界値，区間の幅，区間数を求めた．その結果，第1区間の下限境界値を20.05，区間の幅を0.6，区間数を9とし，**図2.3**および**図2.4**のようにヒストグラムを作成した[1)]．

1）　棟近雅彦　監修，川村大伸・梶原千里　著：『実践的SQC(統計的品質管理)入門講座1　データのとり方・まとめ方から始める統計的方法の基礎』(日科技連出版社，2015年）のpp.30～34を参照．

【縦寸法のヒストグラム】

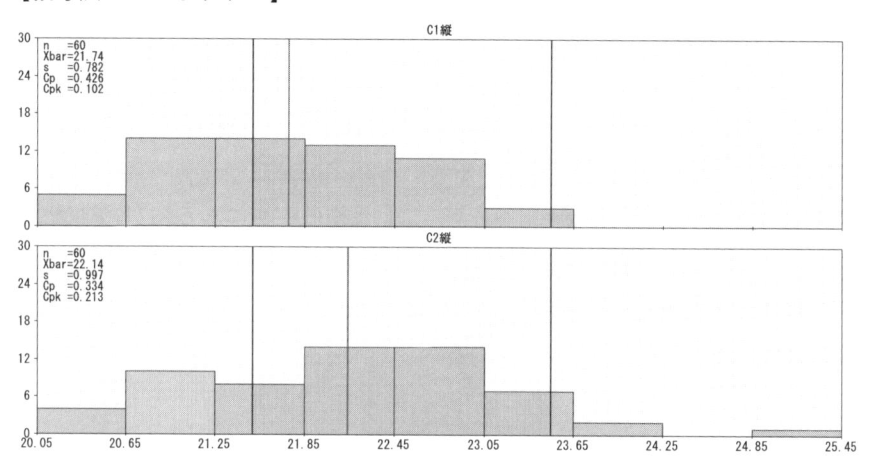

図 2.3　品種で層別した縦寸法のヒストグラム

【横寸法のヒストグラム】

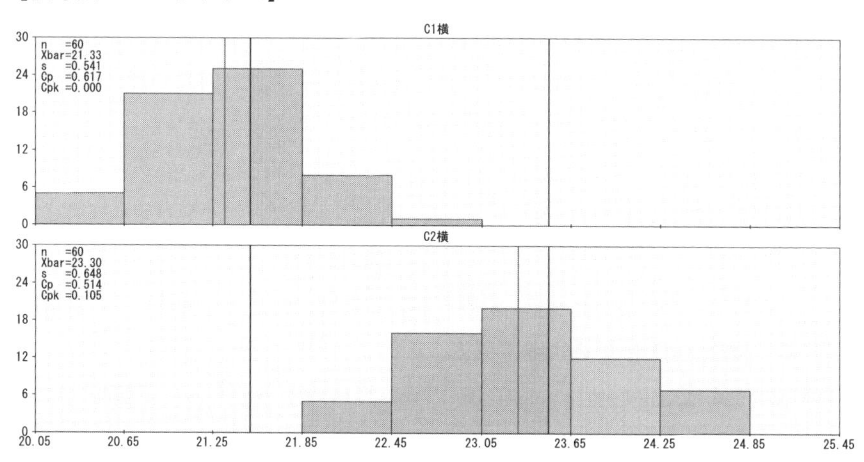

図 2.4　品種で層別した横寸法のヒストグラム

【得られる情報】

① 縦寸法のヒストグラム

1） C1

分布の形は｛ 正規分布形 ， 歯抜け形 ， 右歪み形 ， 左絶壁形 ， (高原形) ，二山形 ， 離れ小島形 ｝のようである．

中心の位置は，平均値 $\bar{x}$＝ 21.74 と｛ 規格の中心にある ， 上側規格にかたよっている， (下側規格にかたよっている) ｝.

工程能力指数が C_p＝ 0.426 なので，ばらつきは，｛ (大きい) ， 小さい ｝.
不良品は，発生して｛ いない ， (いる) ｝.

2） C2

分布の形は｛ 正規分布形 ， 歯抜け形 ， 右歪み形 ， 左絶壁形 ， 高原形 ，二山形 ， (離れ小島形) ｝のようである．

中心の位置は，平均値 $\bar{x}$＝ 22.14 と｛ 規格の中心にある ， 上側規格にかたよっている ， (下側規格にかたよっている) ｝.

工程能力指数が C_p＝ 0.334 なので，ばらつきは，｛ (大きい) ， 小さい ｝.
不良品は，発生して｛ いない ， (いる) ｝.

② 横寸法のヒストグラム

1） C1

分布の形は｛ (正規分布形) ， 歯抜け形 ， 右歪み形 ， 左絶壁形 ， 高原形 ，二山形 ， 離れ小島形 ｝のようである．

中心の位置は，平均値 $\bar{x}$＝ 21.33 と｛ 規格の中心にある，上側規格にかたよっている， (下側規格にかたよっている) ｝.

工程能力指数が C_p＝ 0.617 なので，ばらつきは，｛ (大きい) ， 小さい ｝.
不良品は，発生して｛ いない ， (いる) ｝.

2） C2

分布の形は｛（正規分布形），歯抜け形，右歪み形，左絶壁形，高原形，二山形，離れ小島形｝のようである．

中心の位置は，平均値 $\bar{x}$ = [23.30] と｛規格の中心にある，（上側規格にかたよっている），下側規格にかたよっている｝．

工程能力指数が C_p = [0.514] なので，ばらつきは，｛（大きい），小さい｝．
不良品は，発生して｛いない，（いる）｝．

ここでC1とC2の縦寸法と横寸法のヒストグラムを比較すると**表2.6**になる．

表2.6 C1とC2の比較

	縦寸法ヒストグラム	横寸法ヒストグラム
分布の形に違いは	ない　（ある）	（ない）　ある
平均値に違いは	ない　（ある）	ない　（ある）
ばらつきに違いは	ない　（ある）	（ない）　ある
不良品の出方に違いは	ない　（ある）	ない　（ある）

問1.2 【問1.1】の解析結果より，次にとるべきアクションとして最も適当なものを選択肢のなかから選べ(複数選択可)．

① 同様の方法でデータの収集を継続する．

② 不良品を1つずつ確認し，不良原因を考察する．

③ 不良原因について4M(人，機械，作業方法，材料)の観点からブレインストーミングする．

④ 縦，横を区別せずに，全データを用いたヒストグラムを作成する．

⑤ 品種ごとに熱処理機の上段・下段で層別したヒストグラムを作成する．

⑥ 作業員を教育・訓練する．

⑦ 新しい熱処理機を購入する．

⑧ その他（　　　　　　　　　　　　　　　　　　　　　　　　　）

→選択肢：⑤

<ポイント解説>

問題解決を進めるために，まず「どのような現象が起こっているのか」を十分に確認することから始める．今回は寸法不良の問題なので完成品の寸法測定データを得た．この場合，まずはデータの平均値やばらつきといったデータの分布状況の確認が重要で，そのためのツールがヒストグラムである．

本事例では，C1，C2 の 2 つの品種を扱っているが，工程の条件が同じであるため，品種を一緒にして全体のヒストグラムを作成するのではなく，はじめから品種で層別したヒストグラムを作成した．また，「縦，横の製品の収縮率が同じであるかどうか」がわからないため，縦寸法・横寸法を分けてヒストグラムを作成した．この場合，4 つのヒストグラムを描くことになるが，それらの比較を容易にするために，区間数や区間幅を統一させておくとよい．

図 2.3，**図 2.4** より，品種間で大きな違いがあることがわかる．例えば，縦寸法のヒストグラムは，C2 のほうが C1 に比べてばらつきが大きい．また，横寸法のヒストグラムは，C1 と C2 でばらつきはほとんど同じであるものの，データの平均値に大きな違いがある．さらに，品種間で収縮率に違いがあるようである．同一品種であっても，縦・横で収縮率に違いがあるようである．

ヒストグラムを作成しただけでは，十分に現状把握ができたとはいえない．得られたデータで解析できることは，すべて調べるとよい．本事例では，熱処理機の上段・下段のデータも得られているため，これらで層別したヒストグラムを作成し，さらに不良の出方や，その特徴を調べる必要がある．

問 2.1　表 2.1 のデータについて，品種ごとに熱処理機の上段・下段で層別したヒストグラム(縦・横)を作成し，分布の状況について考察せよ．

【ヒストグラムの作成】

【問 1.1】で作成したヒストグラムとの比較を容易にするため，【問 1.1】と同じ境界値，区間の幅，区間数で層別ヒストグラムを作成する(**図 2.5**～**図 2.8**)．

① C1 縦寸法のヒストグラム

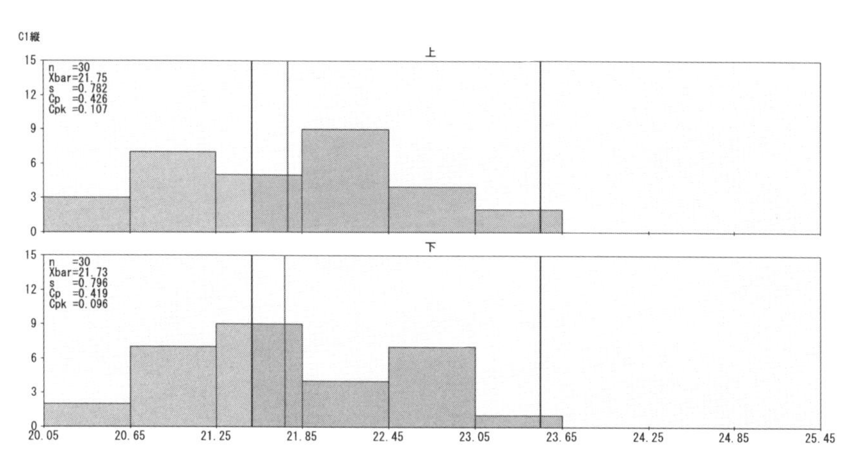

図 2.5 熱処理機の上段・下段で層別した C1 の縦寸法のヒストグラム

② C1 横寸法のヒストグラム

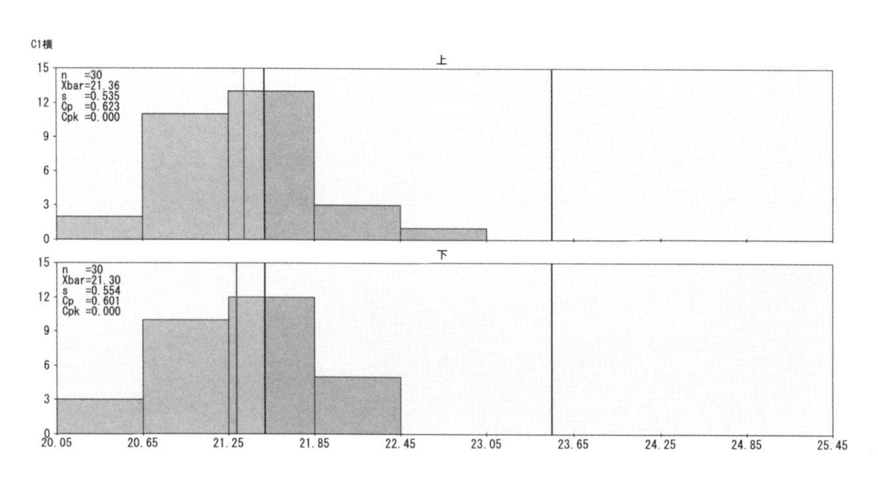

図 2.6 熱処理機の上段・下段で層別した C1 の横寸法のヒストグラム

③ C2 縦寸法のヒストグラム

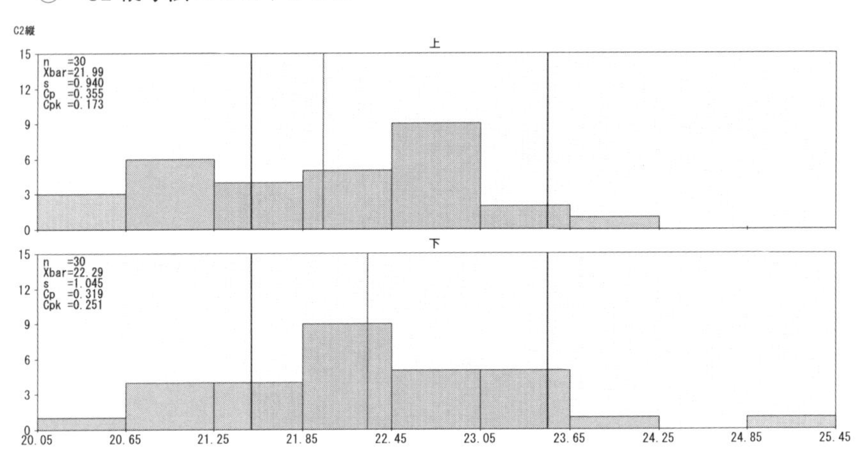

図 2.7 熱処理機の上段・下段で層別した C2 の縦寸法のヒストグラム

④ C2 横寸法のヒストグラム

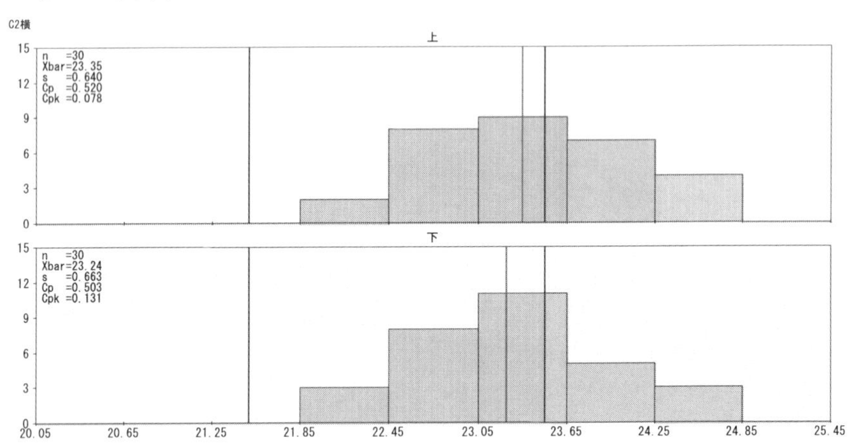

図 2.8 熱処理機の上段・下段で層別した C2 の横寸法のヒストグラム

【得られる情報】

① C1 縦寸法のヒストグラム

1） 上段

分布の形は｛ 正規分布形 ， 歯抜け形 ， 右歪み形 ， 左絶壁形 ， 高原形 ， **二山形** ， 離れ小島形 ｝のようである．

中心の位置は，平均値 $\bar{x}=$ 21.75 と｛ 規格の中心にある ， 上側規格にかたよっている ， **下側規格にかたよっている** ｝．

工程能力指数が $C_p=$ 0.426 なので，ばらつきは，｛ **大きい** ， 小さい ｝．不良品は，発生して｛ いない ， **いる** ｝．

2） 下段

分布の形は｛ 正規分布形 ， 歯抜け形 ， 右歪み形 ， 左絶壁形 ， 高原形 ， **二山形** ， 離れ小島形 ｝のようである．

中心の位置は，平均値 $\bar{x}=$ 21.73 と｛ 規格の中心にある ， 上側規格にかたよっている ， **下側規格にかたよっている** ｝．

工程能力指数が $C_p=$ 0.419 なので，ばらつきは，｛ **大きい** ， 小さい ｝．不良品は，発生して｛ いない ， **いる** ｝．

② C1 横寸法のヒストグラム

1） 上段

分布の形は｛ **正規分布形** ， 歯抜け形 ， 右歪み形 ， 左絶壁形 ， 高原形 ， 二山形 ， 離れ小島形 ｝のようである．

中心の位置は，平均値 $\bar{x}=$ 21.36 と｛ 規格の中心にある ， 上側規格にかたよっている ， **下側規格にかたよっている** ｝．

工程能力指数が $C_p=$ 0.623 なので，ばらつきは，｛ 大きい ， 小さい ｝．不良品は，発生して｛ いない ， **いる** ｝．

2）　下段

分布の形は｛ (正規分布形) , 歯抜け形 , 右歪み形 , 左絶壁形 , 高原形 , 二山形 , 離れ小島形 ｝のようである.

中心の位置は, 平均値 $\bar{x}$= 21.30 と｛ 規格の中心にある , 上側規格にかたよっている , (下側規格にかたよっている) ｝.

工程能力指数が C_p= 0.601　なので, ばらつきは,｛ (大きい) , 小さい ｝.
不良品は, 発生して｛ いない , (いる) ｝.

ここでC1の縦寸法と横寸法のヒストグラムを比較すると**表 2.7** になる.

表 2.7　C1における熱処理機の上段・下段の比較

	縦寸法ヒストグラム		**横寸法ヒストグラム**	
分布の形に違いは	(ない)	ある	(ない)	ある
平均値に違いは	(ない)	ある	(ない)	ある
ばらつきに違いは	(ない)	ある	(ない)	ある
不良品の出方に違いは	(ない)	ある	(ない)	ある

③　C2縦寸法のヒストグラム

1）　上段

分布の形は｛ 正規分布形 , 歯抜け形 , 右歪み形 , 左絶壁形 , 高原形 (二山形) , 離れ小島形 ｝のようである.

中心の位置は, 平均値 $\bar{x}$= 21.99 と｛規格の中心にある , 上側規格にかたよっている , (下側規格にかたよっている) ｝.

工程能力指数が C_p= 0.355 なので, ばらつきは,｛ (大きい) , 小さい ｝.
不良品は, 発生して｛ いない , (いる) ｝.

2）　下段

分布の形は｛ 正規分布形 , 歯抜け形 , 右歪み形 , 左絶壁形 , 高原形 , 二山形 , (離れ小島形) ｝のようである.

中心の位置は，平均値 $\bar{x}$= 22.29 と { 規格の中心にある，上側規格にかたよっている，(下側規格にかたよっている) }.

工程能力指数が C_p= 0.319 なので，ばらつきは，{ (大きい)，小さい }.
不良品は，発生して { いない，(いる) }.

④ C2 横寸法のヒストグラム

1） 上段

分布の形は { (正規分布形)，歯抜け形，右歪み形，左絶壁形，高原形，二山形，離れ小島形 } のようである.

中心の位置は，平均値 $\bar{x}$= 23.35 と { 規格の中心にある，(上側規格にかたよっている)，下側規格にかたよっている }.

工程能力指数が C_p= 0.520 なので，ばらつきは，{ (大きい)，小さい }.
不良品は，発生して { いない，(いる) }.

2） 下段

分布の形は { (正規分布形)，歯抜け形，右歪み形，左絶壁形，高原形，二山形，離れ小島形 } のようである.

中心の位置は，平均値 $\bar{x}$= 23.24 と { 規格の中心にある，(上側規格にかたよっている)，下側規格にかたよっている }.

工程能力指数が C_p= 0.503 なので，ばらつきは，{ (大きい)，小さい }.
不良品は，発生して { いない，(いる) }.

ここでC2の縦寸法と横寸法のヒストグラムを比較すると表**2.8**になる.

問 2.2 【問 2.1】の層別ヒストグラムから得られた結果より，次にとるべきアクションとして最も適当なものを選択肢のなかから選べ(複数選択可).

① 新たなデータを収集し，【問 1.1】【問 2.1】と同様の傾向が見られるか確認する.

表 2.8　C2における熱処理機の上段・下段の比較

	縦寸法ヒストグラム	横寸法ヒストグラム
分布の形に違いは	ない　**ある**	**ない**　ある
平均値に違いは	ない　**ある**	**ない**　ある
ばらつきに違いは	**ない**　ある	**ない**　ある
不良品の出方に違いは	**ない**　ある	**ない**　ある

② ヒストグラムでは時系列の変化を確認することができないため，管理図を作成する．その際，熱処理機の上段・下段で層別した管理図を作成したほうがよいため，$X-R$ 管理図を作成する．

③ ヒストグラムでは時系列の変化を確認することができないため，管理図を作成する．その際，熱処理の各回における上段・下段の2つのデータを用いて$\overline{X}-R$ 管理図を作成する．

④ ヒストグラムでは時系列の変化を確認することができないため，管理図を作成する．その際，熱処理の各回における不良品数を数え，np 管理図を作成する．

⑤ 作業員を教育・訓練する．

⑥ 新しい熱処理機を購入する．

⑦ その他（　　　　　　　　　　　　　　　　　　　　　　　　　）

→選択肢：③

＜ポイント解説＞

層別することで，層の違いによる比較や考察を行うことができ，不良の出方の特徴をより深く分析することができる．そのため，データの解析時に層別できるように，データ測定時は層別因子となりうるものを列挙し，そのデータもあわせて記録しておくとよい．

本事例では，熱処理機の上段・下段という位置で層別を行ったが，大きな違いは見られない．C2縦寸法の平均値が上段・下段で若干ずれているが，それよりも品種間の違いや，縦寸法・横寸法の違いを深く分析したほうがよい．

このように，品種間の違いを考察する必要があるが，ヒストグラムでは時系列のデータの変化を見ることができない．そこで管理図を作成し，時系列における変化や，工程の安定状態を調べる．熱処理機の上段・下段に差がないことがわかったため，熱処理の各回の上段・下段それぞれのデータを用いて，品種ごとの$\overline{X}-R$管理図(群の大きさ2)を作成する．

問 3.1　品種で層別した$\overline{X}-R$管理図(縦・横)を作成し，工程の安定状態について考察せよ．

【管理図の作成】

「縦寸法および横寸法」について作成した「C1およびC2」の「$\overline{X}-R$管理図」は**図 2.9～図 2.12** のようになる．なお，管理図も比較を容易にするため，縦軸をそろえておくとよい．

① 縦寸法の$\overline{X}-R$管理図

1） C1

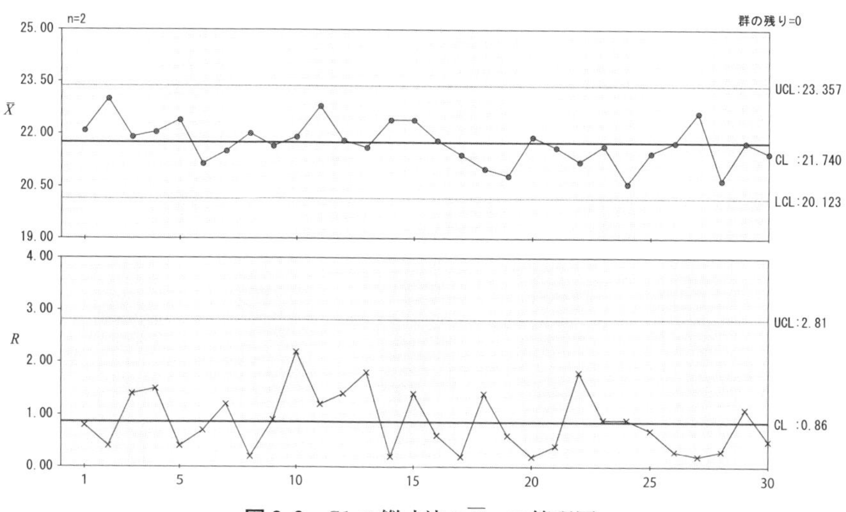

図 2.9　C1の縦寸法の$\overline{X}-R$管理図

2） C2

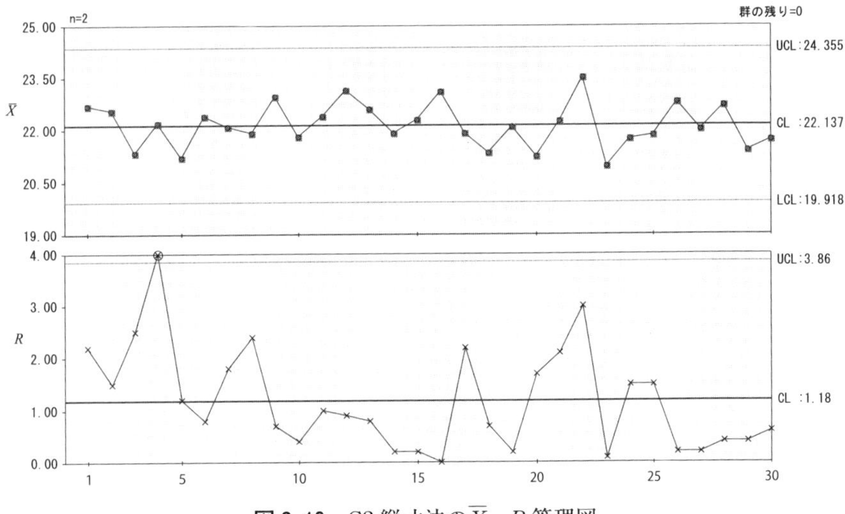

図 2.10 C2 縦寸法の$\overline{X}-R$ 管理図

② 横寸法の$\overline{X}-R$ 管理図

1） C1

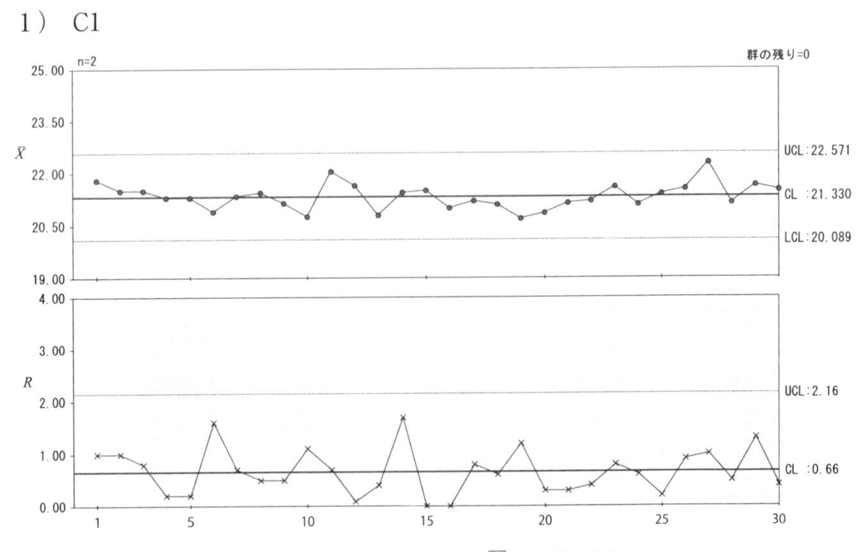

図 2.11 C1 の横寸法の$\overline{X}-R$ 管理図

2） C2

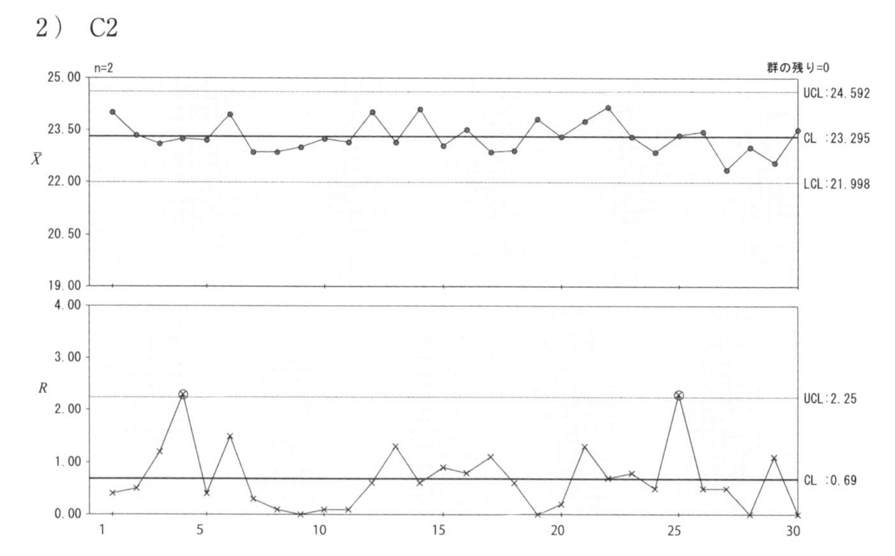

図 2.12 C2 の横寸法の $\overline{X}-R$ 管理図

【得られる情報】

① 縦寸法の $\overline{X}-R$ 管理図

ルールにもとづいて判定すると，**表 2.9** および**表 2.10** のようになる[2)].

表 2.9 R 管理図

	C1		C2	
領域 A を超えている(管理限界外)	(ない)	ある	ない	(ある)
9 点が中心線に対して同じ側にある(連)	(ない)	ある	(ない)	ある
6 点が増加／減少している(上昇・下降)	(ない)	ある	(ない)	ある
14 点が交互に増減している(交互増減)	(ない)	ある	(ない)	ある
3 点中 2 点が領域 A またはそれを超えている(2 σ外)	(ない)	ある	(ない)	ある
5 点中 4 点が領域 B またはそれを超えている(1 σ外)	(ない)	ある	(ない)	ある
連続 15 点が領域 C にある(中心化傾向)	(ない)	ある	(ない)	ある
連続 8 点が領域 C を超えた領域にある	(ない)	ある	(ない)	ある

表 2.10　$\overline{X}$ 管理図

	C1		C2	
領域 A を超えている（管理限界外）	**ない**	ある	**ない**	ある
9 点が中心線に対して同じ側にある（連）	**ない**	ある	**ない**	ある
6 点が増加／減少している（上昇・下降）	**ない**	ある	**ない**	ある
14 点が交互に増減している（交互増減）	**ない**	ある	**ない**	ある
3 点中 2 点が領域 A またはそれを超えている（2 σ外）	**ない**	ある	**ない**	ある
5 点中 4 点が領域 B またはそれを超えている（1 σ外）	**ない**	ある	**ない**	ある
連続 15 点が領域 C にある（中心化傾向）	**ない**	ある	**ない**	ある
連続 8 点が領域 C を超えた領域にある	**ない**	ある	**ない**	ある

②　横寸法の $\overline{X}-R$ 管理図

ルールにもとづいて判定すると，**表 2.11** および **表 2.12** のようになる．

表 2.11　R 管理図

	C1		C2	
領域 A を超えている（管理限界外）	**ない**	ある	ない	**ある**
9 点が中心線に対して同じ側にある（連）	**ない**	ある	**ない**	ある
6 点が増加／減少している（上昇・下降）	**ない**	ある	**ない**	ある
14 点が交互に増減している（交互増減）	**ない**	ある	**ない**	ある
3 点中 2 点が領域 A またはそれを超えている（2 σ外）	**ない**	ある	**ない**	ある
5 点中 4 点が領域 B またはそれを超えている（1 σ外）	**ない**	ある	**ない**	ある
連続 15 点が領域 C にある（中心化傾向）	**ない**	ある	**ない**	ある
連続 8 点が領域 C を超えた領域にある	**ない**	ある	**ない**	ある

2）前掲書，pp.70～75 を参照．

表 2.12 $\overline{X}$ 管理図

	C1		C2	
領域 A を超えている(管理限界外)	**ない**(○)	ある	**ない**(○)	ある
9 点が中心線に対して同じ側にある(連)	**ない**(○)	ある	**ない**(○)	ある
6 点が増加／減少している(上昇・下降)	**ない**(○)	ある	**ない**(○)	ある
14 点が交互に増減している(交互増減)	**ない**(○)	ある	**ない**(○)	ある
3 点中 2 点が領域 A またはそれを超えている(2 σ 外)	**ない**(○)	ある	**ない**(○)	ある
5 点中 4 点が領域 B またはそれを超えている(1 σ 外)	**ない**(○)	ある	**ない**(○)	ある
連続 15 点が領域 C にある(中心化傾向)	**ない**(○)	ある	**ない**(○)	ある
連続 8 点が領域 C を超えた領域にある	**ない**(○)	ある	**ない**(○)	ある

以上より，工程の安定状態を判定すると，**表 2.13** のようになる．

表 2.13 工程の安定状態の判定

	縦寸法				横寸法			
	C1		C2		C1		C2	
工程は統計的管理状態(安定状態)で	**ある**(○)	ない	ある	**ない**(○)	**ある**(○)	ない	ある	**ない**(○)

問 3.2 【問 1.1】～【問 3.1】の結果から，次にとるべきアクションを考察せよ．

[解答例]

- 管理図より，データに周期性はなさそうである．
- C1 は縦・横寸法ともに安定状態であった．したがって，慢性不良であるといえる．ヒストグラムより，縦・横ともに分布の中心が下限規格側にかたよっている(横寸法は分布の中心が下限規格値を下回っている)ので，分布の中心を規格の中心(22.5mm)へもっていくとともに，ばらつきを低減させる必要がある．

- C2は縦・横寸法ともにR管理図で管理限界外れが発生しており，安定状態でない．すなわち，群内変動が大きいといえるが，群内変動を構成する要素の１つである熱処理機の上段・下段の差は見られなかった．したがって，別の要素，例えば，「プラスチック板のどの部分から切断したのか」といったことに着目し，群内変動が大きくなる要因を調べ，ばらつきの低減を図る必要がある．
- ヒストグラム，管理図ともにC1・C2で大きな違いが見られるため，この差を考察することで，データの中心値やばらつきの大きさの違いを明らかにすることができると考えられる．

<ポイント解説>

管理図の異常を判定する際，標準解答ではルールにもとづいた考察から始めているが，まずは単なる時系列グラフと見なし，全体的な点の動きを確認するとよい．今回の場合，周期性や平均のシフトなどの特徴は見られない[3)]．

C1は縦・横寸法ともに統計的管理状態(安定状態)であった．「安定状態＝よい状態」と間違って解釈してしまうことがあるが，必ずしもそうではない．本事例の場合，ヒストグラムより不良品が多発しているため，慢性不良，すなわち，安定的に不良品が出てくる状態であるといえる．このように，ヒストグラムと管理図の両方から，工程の状態を判断する必要がある[4)]．

ヒストグラムと同様に，管理図においても軸を合わせておくことで，管理図間の比較が容易となる．例えば，R管理図を見ると，C2の縦寸法のUCLが最も大きく，群内変動が大きいことが一目でわかる．

問４　2.2節〜2.4節の結果より，特性要因図のトップ事象(品質特性)にはどのようなことを書けばよいか．３つ挙げよ．

3）　前掲書，p.75を参照．
4）　前掲書，p.68の表4.13を参照．

［解答例］ 例えば，次のようなことを取り上げるとよい．
- 品種によって不良の出方に違いがある．
- C1 は縦・横寸法ともに分布の中心が下限規格側にかたよっている．
- C2 の縦寸法のばらつきが大きい．
- C2 の横寸法の分布の中心が上限規格側にかたよっている．
- C2 の縦・横寸法における群内変動が大きい(群の大きさが 2 の場合)．

＜ポイント解説＞

現状把握で不良の出方がある程度見えてきたら，要因の整理を行うとよい．現状把握を十分行わず，特性要因図を作成してしまうと，トップに書く特性や問題を具体的に書くことができず，有用な特性要因図にならない．そのため，現状把握で作成したヒストグラムや管理図から得られる情報を活用するとよい[5]．

層別した場合には，各層の比較を行うことで，特性や問題を挙げやすくなる場合がある．例えば，本事例の場合，最後の例として挙げた「C2 の縦・横寸法における群内変動が大きい」という問題は，C1 と C2 の管理図を比較したことで特定できたものである．このように，各層の比較を行い，具体的な特性や問題をトップ事象にし，要因を掘り下げていくことが重要である．

問 5.1 表 2.3，表 2.4 のデータを用いて，各品種の縦・横方向ごとに，切断後寸法と完成品寸法の散布図を作成し，考察せよ．

切断寸法を x 軸，完成品の寸法を y 軸とし，散布図を作成する．不良品の発生状況を確認するため，散布図にも規格線を描くとよい．すると，**図 2.13～図 2.16** のようになる．なお，強い正の相関がある C1 横寸法の散付図（**図 2.14**）では，参考までに回帰直線も示している．

5） 前掲書，p.87 を参照．

① C1

1） 縦寸法

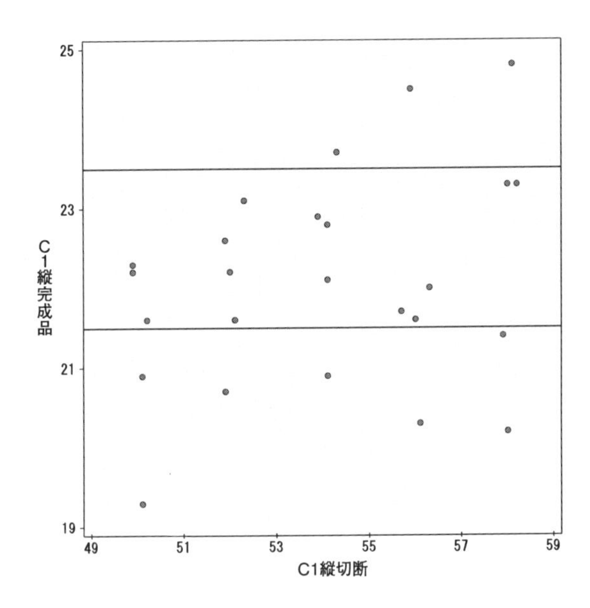

項目	横軸	縦軸
変数名	C1 縦切断	C1 縦完成品
データ数	25	25
最小値	49.9	19.3
最大値	58.2	24.8
平均値	54.04	22.08
標準偏差	2.885	1.321
相関係数	0.296	—
上限規格値	—	23.5
下限規格値	—	21.5
規格外数	—	10

図 2.13　C1 縦寸法の切断寸法と完成品寸法の散布図

2）横寸法

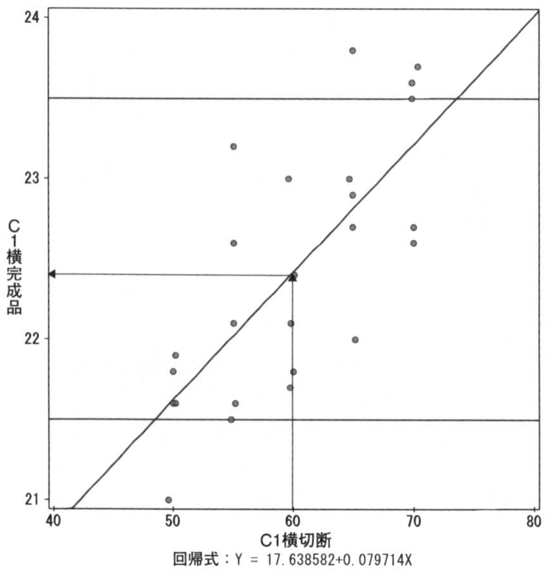

項目	横軸	縦軸
変数名	C1 横切断	C1 横完成品
データ数	25	25
最小値	49.6	21.0
最大値	70.3	23.8
平均値	59.93	22.42
標準偏差	7.185	0.781
相関係数	0.733	—
上限規格値	—	23.5
下限規格値	—	21.5
規格外数	—	4

図 2.14　C1 横寸法の切断寸法と完成品寸法の散布図

② C2

1） 縦寸法

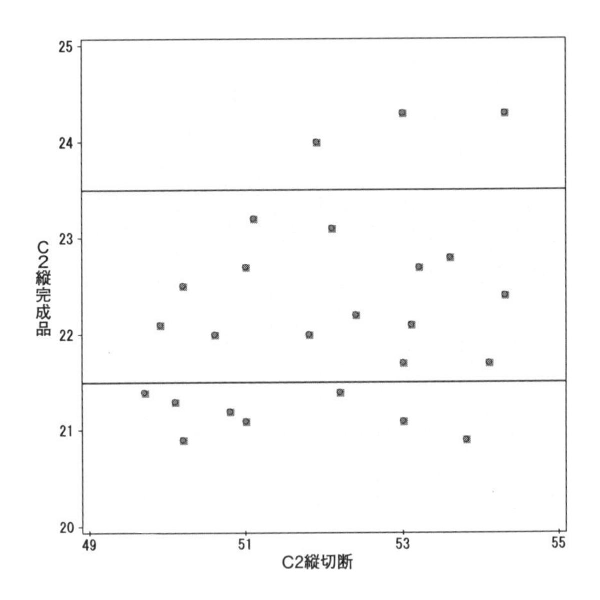

項目	横軸	縦軸
変数名	C2 縦切断	C2 縦完成品
データ数	25	25
最小値	49.7	20.9
最大値	54.3	24.3
平均値	52.02	22.20
標準偏差	1.482	1.007
相関係数	0.290	—
上限規格値	—	23.5
下限規格値	—	21.5
規格外数	—	11

図 2.15　C2 縦寸法の切断寸法と完成品寸法の散布図

2） 横寸法

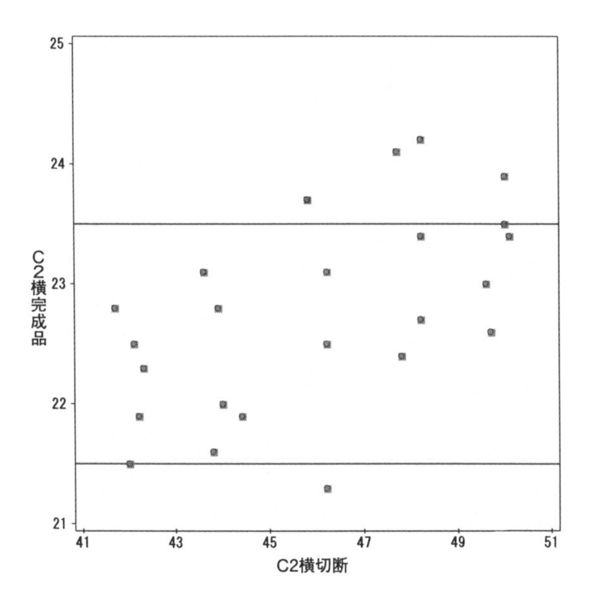

項目	横軸	縦軸
変数名	C2 横切断	C2 横完成品
データ数	25	25
最小値	41.7	21.3
最大値	50.1	24.2
平均値	45.99	22.80
標準偏差	2.856	0.821
相関係数	0.555	—
上限規格値	—	23.5
下限規格値	—	21.5
規格外数	—	6

図 2.16　C2 横寸法の切断寸法と完成品寸法の散布図

【得られる情報】

① C1

1）縦寸法

- 外れ値が｛ある，(ない)｝.
- 切断後寸法と完成品寸法には｛(正の)，無，負の｝相関がある.

2）横寸法

- 外れ値が｛ある，(ない)｝.
- 切断後寸法と完成品寸法には｛(正の)，無，負の｝相関がある.

② C2

1）縦寸法

- 外れ値が｛ある，(ない)｝.
- 切断後寸法と完成品寸法には｛(正の)，無，負の｝相関がある.

2）横寸法

- 外れ値が｛ある，(ない)｝.
- 切断後寸法と完成品寸法には｛(正の)，無，負の｝相関がある.

散布図から読み取れる情報をまとめると，下記のようになる.

［解答例］

- C1 においては，切断後寸法と完成品寸法の間に，縦寸法で弱い正の相関，横寸法で強い正の相関がある．C2 においては，縦寸法で弱い正の相関，横寸法で正の相関がある.
- 縦寸法・横寸法ともに，C2 によりも C1 のほうが，相関が強い.
- 同品種の縦寸法・横寸法を比較すると，C1・C2 のどちらにおいても，縦寸法のほうが完成品寸法のばらつきが大きいように見える.

これは，ヒストグラムや管理図で見られた傾向と一致する．

- C1・C2ともに，縦寸法は完成品寸法のばらつきが大きいため，設定した5つの狙い値で切断したすべての場合で，完成品寸法が規格値外となる製品が発生している．

問5.2 【問5.1】で作成した散布図をもとに，各品種の縦・横方向の切断寸法を，おおよそどのような値に設定すればよいか検討せよ．もし，検討することが難しい場合は，その理由を述べよ．

① C1

1） 縦寸法

［解答例］ 狙い寸法が52.0(mm)のときに，完成品寸法が規格内に入っているデータが一番多い．狙い寸法が54.0(mm)の場合も，完成品寸法が同じような値になりそうなため，切断寸法を52.0～54.0(mm)に設定すればよいと考えられる．

ただし，ばらつきが大きいため，今回の実験データがたまたま規格内に入った可能性もある．狙い寸法を52.0～54.0(mm)とし，データ数を増やして，設定値の妥当性を検証する必要がある．

2） 横寸法

［解答例］ 狙い寸法を60.0(mm)とした場合，すべての完成品寸法が規格内に入っている．相関係数が0.733と大きく，強い正の相関がある．**図2.14**では，今回得られたデータより回帰直線を求め，それを図示している．この回帰直線を見ると，切断寸法がおおよそ60.0(mm)のときに，完成品寸法が規格の中心である22.5(mm)になりそうである．したがって，切断寸法をおおよそ60.0(mm)に設定すればよいと考えられる．

② C2

1） 縦寸法

［解答例］ どの狙い寸法においても，完成品寸法が規格内に収まっているデータは５つ中３つほどしかない．また，データのばらつきが大きい．そのため，現状のデータのみでは，切断寸法を検討することが困難である．まずは，ばらつきが大きくなる原因を明らかにし，ばらつきを低減させる必要がある．その後，切断寸法を検討するとよい．

2） 横寸法

［解答例］ 狙い寸法を 44.0(mm)とした場合，すべての完成品寸法が規格内に入っている．相関係数が 0.555 であり，中程度の正の相関がある．今回得られたデータより回帰直線を求めた場合も，おおよそ 44.0〜45.0(mm)のときに，完成品寸法の規格の中心である 22.5(mm)になりそうである．したがって，切断寸法を 44.0〜45.0(mm)に設定すればよいと考えられる．

＜解説＞[6)]

いきなり相関係数を求めるのではなく，まずは散布図を描き，全体的な点の散らばり方，外れ値の有無を確認する必要がある．そのうえで，外れ値がない場合は，相関係数を求め，x と y の関係を考察する．なお，散布図を描く際は，横軸に要因，縦軸に特性をとるようにする．今回の場合，切断寸法が要因，完成品寸法が特性値となる．

今回の散布図では，完成品寸法の規格線も描いた．これにより，「切断寸法がどのくらいのときに，どの程度の規格外が発生しそうであるか」ということや，データのばらつきの大きさを考察することができる．

散布図を描いた際には，回帰係数を求め，散布図内に回帰直線を描くことも

6） 前掲書，pp.91〜103 を参照．

多い．【問 5.2】の C1 および C2 の横寸法時の考察で書いたように，切断寸法をどのくらいにすると，完成品寸法がおおよそどのような値をとるか検討することができる．回帰式より逆推定(y から x を推定する)を行うこともできるが，厳密には逆推定は難しい問題となるため，注意が必要である．

問 6　以上の結果をまとめ，今後，どのような調査，分析をすべきか考察せよ．

品種ごとのヒストグラムより，品種間で大きな違いがあることがわかった．そこで，品種ごとに結果をまとめ，今後の方向性を検討する．

【C1】

① まとめ(解答例)

- ヒストグラムより，縦・横寸法ともにデータの平均値が下限規格側にかたよっている．特に，横寸法の平均値は下限規格値を下回っていた．また，規格幅に対してばらつきが大きい．
- $\overline{X}-R$ 管理図は縦・横寸法ともに安定状態であった．
- 散布図より，縦方向の切断寸法を 52.0～54.0(mm)，横方向の切断寸法をおおよそ 60.0(mm)に設定すればよいと考えられる．ただし，縦寸法はばらつきが大きいため，さらにデータをとり，設定した切断寸法の妥当性を確認する必要がある．

② 今後の方向性(解答例)

- まず，縦方向の切断寸法を 52.0(mm)，53.0(mm)，54.0(mm)に設定し，**2.6 節**と同様の方法で再度実験を行い，「【問 5.2】で設定した切断寸法が妥当であるかどうか」を確認する必要がある．**2.6 節**のときに取得したデータ数よりも多くのデータをとる必要があるが，それでもばらつきが大きいと考えられる場合は，ばらつきが大きくなる原因を追及し，ばらつきを低減させることを先に行ったほうがよい．
- また，横方向の切断寸法を約 60.0mm にすることで，「平均値を上げることができるのか」を検証する必要がある.

- 工程能力を上げるために，ばらつきを低減させる方法を検討する必要がある．C2 のほうがデータのばらつきは大きいが，C1 も決してばらつきが小さいとはいえないため，どちらの品種にも共通する，熱処理の温度，時間などに問題がないかを確認する.

【C2】

① まとめ(解答例)

- ヒストグラムより，縦方向のデータの平均値は下限規格側にかたよっており，規格幅に対してばらつきが大きい．一方，横寸法のデータの平均値は上限規格側にかたよっており，縦方向ほどではないがばらつきが大きい.
- $\overline{X}-R$ 管理図は縦，横寸法ともに R 管理図で管理限界外が発生していた.
- 散布図より，横方向の切断寸法を 44.0～45.0(mm)に設定すればよいと考えられる．縦方向はばらつきが大きく，切断寸法を検討することが困難であった.

② 今後の方向性(解答例)

- C2 はばらつきが大きいため，これを低減させる必要がある．縦・横寸法ともに R 管理図が異常であったため，群内変動が大きくなる要因を調べることから始める.
- その後，まず，横方向の切断寸法を 44.0～45.0(mm)へ変更することで，完成品寸法を規格の中心へもっていくことができるのか確認する．次に，縦方向の切断寸法を定め，効果の確認を行い，作業標準を変更する.
- ただし，どちらの品種においても，従来品と収縮率が異なっていると考えられ，従来の切断寸法から大きく値が変わることが予想される．このような状況であるため，プラスチック板の仕入れ先を X 社から

Y社へ変更することで，寸法不良以外の不具合の発生有無も確認し，場合によってはメーカーへの問い合わせ，あるいは，仕入れ先の変更も検討する必要がある．

■演習問題2のまとめ

(1) データの測定が問題解決の第一ステップである．

問題解決というと，QCストーリーに沿った解析，考察を思い浮かべるであろう．QCストーリーに沿った解析を進めるためには，まず，きちんとデータをとることが重要である．間違った方法でデータを取得してしまっては，いくらよい解析をしたとしても，誤った結論を導いてしまう．

本書では，読者の方々に実際にデータをとってもらうことはできないため，データを提供している．しかし，「問題編」を読んでもらえればわかると思うが，本演習問題では，データを測定する工夫の一例を紹介している．**2.2**節の2つ目のパラグラフに，「なお，測定位置にばらつきが生じないように，プラスチック板を50.0mm × 50.0mmの正方形に切断した後に，縦・横ともに中心線を引く(熱処理後も消えない)ことにした.」と記載してある．これは，測定位置を明確にすることにより，データ測定の標準化を図っていることになる．実社会の問題を取り扱う際にも，個々の製品の寸法，重量などを測定することになるだろう．その際に，測定のばらつきが生じないような工夫を施すことが重要となる．ただし，標準化を試みたとしても，測定誤差は生じる．したがって，問題解決の解析を始める前に，測定誤差の評価などを行い，データの妥当性を確認する必要がある．

また，本演習事例では，「どのプラスチック板から切断したか」「プラスチック板のどの位置から切断した製品なのか」という情報を得ていない．ヒストグラムや管理図を見ると，ばらつきが非常に大きいことがわかったため，今後はその原因を追及することになる．そのためには，さらにさまざまな観点で層別し，分析する必要があり，上記の情報が必要不可欠であろう．したがって，製品にナンバリングするなど工夫をしておけば，なおよかったと思われる．このように，先々の分析を意識し，本シリーズの第１巻『データのとり方・まとめ方から始める統計的方法の基礎』で解説したチェックシートなどを用いながら，取得できる情報はすべてとるつもりで，データの測定に臨んでほしい．

(2)　ヒストグラム，管理図から工程の状態を読み取る．

問題解決の際には，ヒストグラムや管理図を作成し，現状把握を行うことが多い．これらからでも，十分に有用な情報を得られる．また，単に生データをプロットした図や，時系列グラフを作成するだけでも，何らかの特徴を掴むことができる場合もある．いきなり，高度な解析手法を用いるのではなく，まずは取得したデータを眺めることも必要である．

また，問題解決では，取得したデータから工程の状態を判断することが重要である．そのために，管理図を作成する．ただし，管理図ですべてのプロットが管理限界内に収まっており，プロットの並び方にくせがなく，統計的管理状態(安定状態)だからといって，それが望ましい工程状態であることを意味するとは限らない．「望ましい水準で工程が安定しているかどうか」を確認しなくてはならない．そのためには，ヒストグラムもあわせて作成し，「工程能力があるかどうか」を判断する必要がある．このように，管理図とヒストグラムの両方を作成し，それらを組み合わせて，工程の状態や工程能力の有無を把握してほしい．

(3)　他の手法を利用した，応用的な解析も必要である．

本演習問題では，データの平均値を規格の中心へもっていくために，切断寸法のみを取り上げ，散布図を描き，狙うべき切断寸法を決めた．しかし，実際の問題では，１つの因子のみが影響していることは少ない．今回は，取り上げる因子を技術的側面から決めたが，見落としている可能性があるため，直交配列実験を行い，効果のありそうな因子を特定するとよい．「効果のある因子が複数ある」と判断された場合，単回帰分析でなく，重回帰分析を行うとよい．

演習問題3
回路基板の製造工程における膜厚ばらつき低減

① 問題編

3.1 解決すべき問題

回路基板は絶縁樹脂に銅メッキを施されて生産される．絶縁樹脂は外部から購入しており，**図3.1**に示すような2つの銅メッキ処理工程(以下，メッキ工程)(ライン1，ライン2)で銅メッキ処理がほどこされる．

顧客の要求から生産性の向上が必要となり，高速でメッキ処理を行う技術を開発したが，銅メッキ膜厚(以下，膜厚)のばらつきが問題となっている．

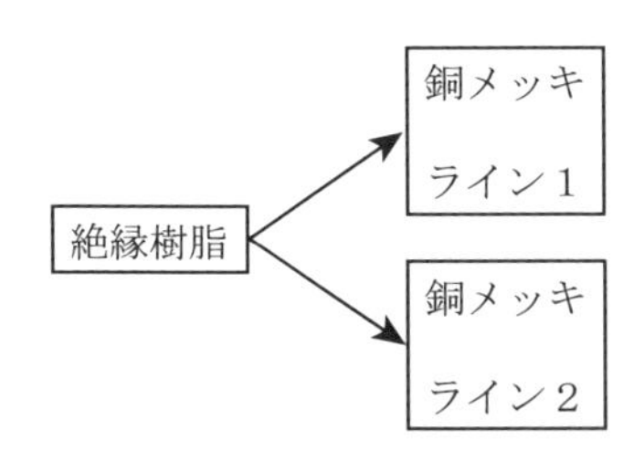

図3.1　回路基板製造工程の概略

3.2 現状把握(その1)

現状把握のため，メッキ工程のライン別で層別ができるように，1日に各ラインから4つずつ，計8つのデータをサンプリングし，**表3.1**のようにまとめた．なお，膜厚の規格は15 ± 4.0(μm)である．

表3.1　銅メッキ膜厚の測定データ

単位(μ/m)

日付	曜日	ライン1				ライン2			
5月9日	月	17.6	17.5	17.1	18	17.4	19.6	19	13.3
5月10日	火	15.7	16.7	17.1	16.7	16.5	15.1	13.6	13.7
5月11日	水	16.8	18.7	14.9	17.3	13.5	13.8	19.1	12.9
5月12日	木	16.6	18.0	15.2	15.5	19.0	17.7	17.1	18.3
5月13日	金	16.6	15.8	17.5	17.2	13.1	14.1	15.3	16.8
5月16日	月	16.9	14.4	15.8	15.9	17.6	13.0	10.9	15.1
5月17日	火	17.1	14.9	16.4	15.8	11.5	13.1	16.9	18.2
5月18日	水	15.6	16.4	16.6	14.9	12.4	13.5	12.7	15.1
5月19日	木	14.8	15.5	14.8	16.5	15.9	13.1	17.0	13.6
5月20日	金	14.9	15.8	16.8	14.6	18.8	17.8	13.6	14.9
5月23日	月	14.9	15.6	16.0	15.5	17.3	13.1	22.4	12.2
5月24日	火	17.2	16.2	15.0	16.6	13.4	14.0	18.0	18.0
5月25日	水	14.6	16.4	15.8	16.2	16.3	14.9	17.7	14.0
5月26日	木	15.9	13.9	15.6	14.9	19.5	13.4	17.0	11.6
5月27日	金	14.2	16.0	15.4	14.3	15.1	20.9	19.8	12.5
5月30日	月	13.6	15.6	15.6	15.5	16.1	13.5	7.8	14.1
5月31日	火	14.4	15.1	13.7	14.2	18.0	12.4	20.1	16.3
6月1日	水	14.6	13.9	12.4	15.1	19.0	13.9	15.3	17.9
6月2日	木	14.5	14.3	14.8	13.5	15.9	16.6	12.6	13.2
6月3日	金	13.7	13.8	14.4	13.5	14.8	19.2	16.6	20.7
6月6日	月	12.4	13.6	14.3	14.2	14.9	19.0	15.0	12.0
6月7日	火	12.4	13.7	13.0	13.9	17.9	19.8	18.1	7.6
6月8日	水	13.5	13.8	15.1	12.0	12.6	14.7	12.5	9.2
6月9日	木	14.8	11.8	11.7	14.0	15.6	9.1	19.4	13.2
6月10日	金	12.6	12.2	12.8	14.2	14.9	15.4	15.7	16.9

問1.1　全データについてヒストグラムを作成し，考察しなさい．なお，平均値や分散などの基本統計量や工程能力指数なども求め，工程の悪さ加減がわかるようにしなさい．

問1.2　全データについて日を群とした$\overline{X}-R$管理図を作成し，考察しなさい．

問 1.3 【問 1.2】で作成した $\overline{X}-R$ 管理図に対して以下に示した異常判定ルールを適用し，工程が安定状態であるかどうか判定して，それを考察しなさい．

適用すべき異常判定ルールは，以下のとおり7つある．

① 管理限界外の点がある．

② 9点が中心線に対して同じ側にある(長さ9の連)．

③ 6点が増加，または減少している(上昇・下降傾向)．

④ 14の点が交互に増減している(交互増減)．

⑤ 連続する3点中2点が2シグマ線と3シグマ線の間の領域(領域A)にある．

⑥ 連続する5点中4点が1シグマ線と2シグマ線の間の領域(領域B)，またはそれを超えた領域にある．

⑦ 連続する15点が1シグマ線内の領域(領域C)にある(中心化傾向)．

問 1.4 ラインで層別したヒストグラムおよび管理図を作成し，ばらつきの原因を探索するうえでのポイントに注意しながら考察しなさい．

3.3 現状把握(その2)

ライン1においては，ばらつきの原因を探索するうえでのポイントが明確になった．しかし，ライン2においては，ばらつきが大きい状態での安定状態(安定的に不良が発生している状態)であるため改善の必要があるが，安定状態であるために改善ポイントを見つけることができない．そこで，ライン2におけるばらつきを，さらに詳しく解析する．そこで，ライン2における全体のばらつき(分散)をいくつかのばらつきの成分(分散成分)に分けることのできる枝分れ実験を行うこととした．

メッキ工程をよく調べてみると，午前・午後の2直体制で，原材料である絶縁樹脂 100 個を 1 バッチとして銅メッキ処理を施していることがわかった．ライン 2 でメッキされた製品を対象とし，群内変動を構成する主要な要因を検討したところ，群内変動はメッキ工程における直の違いによる変動(直間変動)，バッチの違いによる変動(バッチ間変動)，回路基板間変動によって構成されると予想された．したがって，これらの変動を定量的に評価し改善活動に役立てたい．そこで，3 段枝分れ実験を計画し，新たにデータを 10 日間にわたって，20 直分をとることにした．サンプリングの方法は，各直においてバッチをランダムに 2 つ指定し，指定されたバッチ内の回路基板をランダムに 2 つサンプリングし膜厚を 1 回測定するというものである．実施した枝分れ実験を図示したものを**図 3.2** に，得られた結果を**表 3.2** に示す．以下の問いに答えよ．

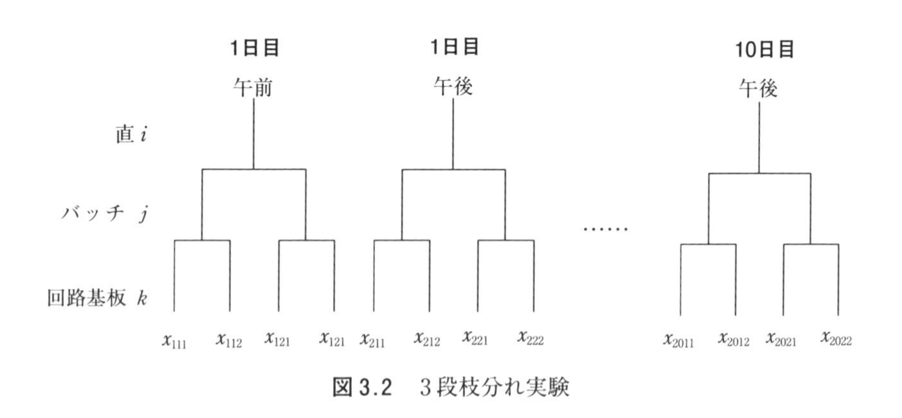

図 3.2　3 段枝分れ実験

問 2.1　**分散成分を推定し，直，バッチ，回路基板のうち，どの変動から対策を行うべきか，優先順位を示しなさい．**

問 2.2　**【問 1.4】での優先順位で改善できた場合における工程能力指数を推定しなさい．ただし，ここでは，「改善できた場合，該当する分散成分の値が 0 になる」として推定しなさい．**

表 3.2 3 段枝分れ実験によってサンプリングされた膜厚データ

単位(μ/m)

日	直	バッチ番号	回路基板	
			1	2
1	午前	1	19.7	20.3
		2	19.7	20.6
	午後	1	14.3	15.1
		2	17.2	13.0
2	午前	1	16.6	17.3
		2	16.0	14.8
	午後	1	11.9	11.5
		2	15.2	15.3
3	午前	1	11.5	12.8
		2	9.8	8.8
	午後	1	12.9	12.0
		2	13.9	15.7
4	午前	1	17.8	17.9
		2	23.9	19.9
	午後	1	15.8	15.7
		2	17.7	18.3
5	午前	1	14.4	16.2
		2	16.7	16.4
	午後	1	12.7	14.3
		2	17.3	17.1
6	午前	1	13.8	12.8
		2	16.7	14.0
	午後	1	17.9	16.1
		2	14.1	12.6
7	午前	1	11.6	13.1
		2	14.7	13.8
	午後	1	18.2	17.0
		2	16.2	15.1
8	午前	1	23.1	23.4
		2	13.1	15.6
	午後	1	10.0	12.1
		2	13.5	12.6
9	午前	1	18.3	16.6
		2	13.7	15.6
	午後	1	17.3	19.4
		2	10.8	12.3
10	午前	1	15.6	15.7
		2	15.3	14.3
	午後	1	18.5	18.0
		2	12.8	12.6

問 2.3　全体をまとめなさい.

◇② 標準解答解説編

問 1.1　全データについてヒストグラムを作成し，考察しなさい．なお，平均値や分散など基本統計量や工程能力指数なども求め，工程の悪さ加減がわかるようにしなさい．

【ヒストグラムの作成】

「全体のヒストグラム」を以下の手順に従って作成する．

手順 1　データの収集

手順 2　データの最大値と最小値を求める．

データの最大値は，max＝$\boxed{22.4}$．データの最小値は，min＝$\boxed{7.6}$．

手順 3　仮の区間数を求める．

仮の区間数(h)＝$\boxed{\sqrt{200}=14.142}$　(n はデータ数)

手順 4　区間の幅を求める．

$$区間の幅\ (c)=\frac{\max-\min}{h}=\boxed{\frac{22.4-7.6}{14.142}=1.047}$$

測定単位は d＝$\boxed{0.1}$である．

よって，測定単位の整数倍に丸め，改めて区間の幅を c＝$\boxed{1.0}$とする．

手順 5　区間の境界値を求める．

第 1 区間の下側境界値 ＝min－$d/2$＝$\boxed{7.6-0.1/2=7.55}$

第 1 区間の上側境界値 ＝$\boxed{7.55}$＋c＝$\boxed{8.55}$

手順 6　区間の中心値を求める．

第 1 区間の中心値 ＝(第 1 区間の上側境界値 ＋ 第 1 区間の下側境界

表 3.3 度数分布表

No.	区間	区間の中心値	度数マーク	度数
1	7.55 ~ 8.55	8.05	T	2
2	8.55 ~ 9.55	9.05	T	2
3	9.55 ~ 10.55	10.05		0
4	10.55 ~ 11.55	11.05	T	2
5	11.55 ~ 12.55	12.05	正正𠃊	14
6	12.55 ~ 13.55	13.05	正正正正下	23
7	13.55 ~ 14.55	14.05	正正正正正正T	32
8	14.55 ~ 15.55	15.05	正正正正正正正T	37
9	15.55 ~ 16.55	16.05	正正正正正𠃊	29
10	16.55 ~ 17.55	17.05	正正正正正下	27
11	17.55 ~ 18.55	18.05	正正正	15
12	18.55 ~19.55	19.05	正正	10
13	19.55 ~ 20.55	20.05	𠃊	4
14	20.55 ~ 21.55	21.05	T	2
15	21.55 ~ 22.55	22.05	一	1
計				200

値)/2

= 8.05

手順 7 度数分布表の作成

手順 5 と手順 6 を繰り返して，区間を作成する(**表 3.3**).

手順 8 ヒストグラム作成

横軸に区間(測定値)，縦軸に度数を目盛り，棒グラフを描くと**図 3.3** のようになる.

【得られる情報】

「分布の中心を示す平均値」「ばらつきの大きさを示す分散・標準偏差」「工程の悪さ加減を示す工程能力指数・不適合品」の出方を示す.

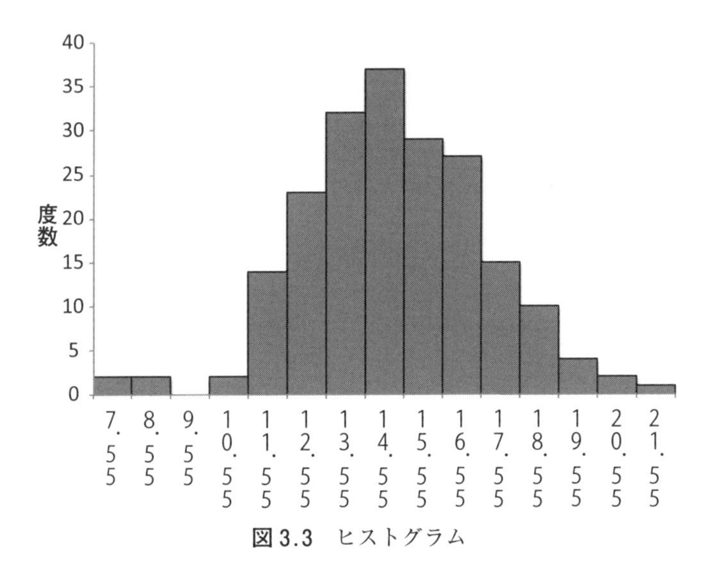

図 3.3　ヒストグラム

- 平均値は，$\bar{x}=\dfrac{\sum_{i=1}^{n} x_i}{n}=$ 15.3 .
- 分散は，$V=\dfrac{\sum_{i=1}^{n}(x_i-\bar{x})^2}{n-1}=$ 5.36 .
- 標準偏差は，$\hat{\sigma}=\sqrt{V}=$ 2.32 .
- 工程能力指数は，

$$C_p=\frac{S_U-S_L}{6\hat{\sigma}}= 0.58$$

$$C_{pk}=min\left(\frac{S_U-\bar{x}}{3\hat{\sigma}},\ \frac{\bar{x}-S_L}{3\hat{\sigma}}\right)= 0.54$$

- 規格外のもの(不適合品)は 20 個．上側規格値(S_U)より大きいものは 15 個．下側規格値(S_L)より小さいものは 5 個．これらを割合で示すと，全体の不適合品率は 10 %である．このとき，上側規格に対する不適合品率は 7.5 %であり，下側規格に対する不適合品率は 2.5 %である．

【ヒストグラムの作成】

図 3.3 のヒストグラムに必要な情報を書き込むと図 3.4 のようになる.

- データ取得期間：5/9〜6/10
- サンプリング方法：1 日に各ライン（ライン 1，ライン 2）から 4 つずつランダムにサンプリング.

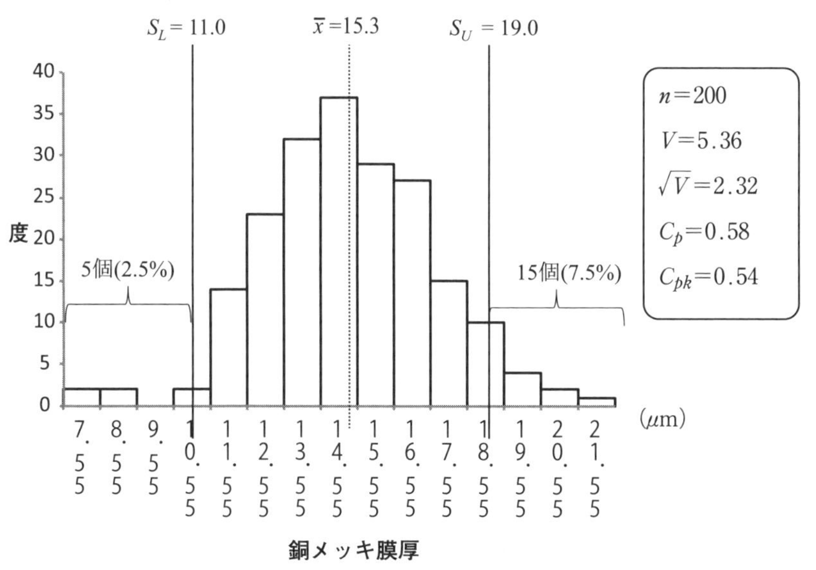

図 3.4 全データに対するヒストグラム（完成）

【得られる情報】

図 3.4 から以下のことがわかる.

① おおよその分布形は｛ 正規分布形，歯抜け形，(右歪み形)，左絶壁形，高原形，二山形，離れ小島形 ｝である.

② 外れ値は｛ (ある)，ない ｝.

③ 平均値は[15.3]であるので，分布の中心は｛ 上側規格にかたよっている，下側規格にかたよっている，(ほぼ規格の中央にある) ｝.

④ 標準偏差は [2.32] である. 工程能力指数 C_p は [0.58] であり，C_{pk} は [0.54] である. このケースにおいては，

{ (C_pで考察するのがよい)，C_{pk}で考察するのがよい }．なぜなら，平均値が規格の { (中心付近にある)，端のほうにある } からである．したがって，工程能力は { 十分，まずまず，(不足) } である．よって，改善の必要 { はない，(がある) }．

⑤　以上より，不適合品が**図 3.4** のヒストグラムのように発生するのは，主に，{ 分布の中心が規格の端にかたよっているため，(ばらつきが大きいため)，離れ小島となる製品があるため } である．

<ポイント解説>

- ヒストグラムはデータのばらつき方を視覚的に表し，データのばらつき方から問題となる点を認識して，その原因を探索するために作成される．また，平均値や標準偏差はヒストグラムよりもばらつき方の詳細を反映しないが，定量値であるため，中心位置やばらつきの大きさといった，おおよその傾向がより明確になる．工程能力指数は規格幅に対する標準偏差の比であるため，プロセスの悪さ加減が明確になる．したがって，ヒストグラムの他に，平均値や標準偏差，工程能力指数など定量的なものも書き加えておく必要がある．これらの情報をもとに，プロセスにおいて問題となる点を探り，その原因を探索していくわけだから，「データをどこからとってきたのか」「いつとってきたのか」「どのようにとってきたのか」を書き入れておく．つまり，ヒストグラムを見ただけで，「プロセスがどのように悪いのか」「何が問題で，どのように調べるとよいか」がわかるように情報を書き入れておく．
- ヒストグラムの外形を右歪み形としたが，正規分布形と迷うところである．形の選択は主観的なものであるが，規格幅に対して幅の広いヒストグラムであることを感じ取ってもらえればよい．
- 外れ値の存在も主観的な判断である．**図 3.4** では下側に数個飛び離れたデータがあるので，これを外れ値とした．突発的な異常によるものかもしれない．

- 不適合品の発生と分布との関係を摑んでおくことは重要である．分布の中心位置(平均値)が規格値によっているために不適合品が発生している場合は「平均値問題」とよばれ，ばらつきが大きいために不適合品が発生している場合には，「ばらつき問題」とよばれる．「平均値問題」の場合，データ全体を規格の中心に移動させるような対策をとる．例えば，平均値が下限規格のほうへ寄っていたとすると，「メッキ時間を長くする」というような対策により，メッキ膜厚全体を大きくすることが考えられる．「ばらつき問題」の場合では，ばらつきを小さくするような対策をとるわけだが，一般的に言って，「平均値問題」ほど明確な対策をすぐにとれるわけではない．ヒストグラム上で見えるばらつきは，ランダムなばらつきではなく，いくつかの平均値の異なる分布が混じったものが一つになって見えている場合が多い．そのような場合，何らかの要因でデータを分けることにより，混合している平均値の異なる分布を分離してやると，ばらつき問題は平均値の差をなくす問題に変換される．これより，標準化などの対策が浮かび上がってくる．本問題はばらつき問題であるので，【問 1.2】でデータの時系列方向への分解を試みる．したがって，【問 1.2】では日を群とした管理図を作成する．

問 1.2　全データについて日を群とした$\overline{X}-R$管理図を作成し，考察しなさい．

【管理図の作成】

以下の手順に従って，「全データに対する日を群とした$\overline{X}-R$管理図」を作成する．

手順 1　データの収集

手順 2　群分け

ここでは群は日である．したがって，第 1 番目の群のデータは 17.6 ，

17.5 , 17.1 , 18.0 , 17.4 , 19.6 , 19.0 , 13.3 である.

手順 3　群ごとの平均値と範囲を求める.

第 1 番目の群の平均値 = 17.4

第 1 番目の群の範囲 = 第 1 番目の最大値 − 第 1 番目の群の最小値

= 6.3

他の群においても同様の計算を行うと表 3.4 のようになる.

表 3.4　管理図計算表

群番号	**日**	**曜日**	X_1	X_2	X_3	X_4	X_5	X_6	X_7	X_8	$\overline{X}$	R
	5/9	月	17.6	17.5	17.1	18.0	17.4	19.6	19.0	13.3	17.44	6.3
	5/10	火	15.7	16.7	17.1	16.7	16.5	15.1	13.6	13.7	15.64	3.5
	5/11	水	16.8	18.7	14.9	17.3	13.5	13.8	19.1	12.9	15.88	6.2
	5/12	木	16.6	18.0	15.2	15.5	19.0	17.7	17.1	18.3	17.18	3.8
	5/13	金	16.6	15.8	17.5	17.2	13.1	14.1	15.3	16.8	15.80	4.4
	5/16	月	16.9	14.4	15.8	15.9	17.6	13.0	10.9	15.1	14.95	6.7
	5/17	火	17.1	14.9	16.4	15.8	11.5	13.1	16.9	18.2	15.49	6.7
	5/18	水	15.6	16.4	16.6	14.9	12.4	13.5	12.7	15.1	14.65	4.2
	5/19	木	14.8	15.5	14.8	16.5	15.9	13.1	17.0	13.6	15.15	3.9
	5/20	金	14.9	15.8	16.8	14.6	18.8	17.8	13.6	14.9	15.90	5.2
	5/23	月	14.9	15.6	16.0	15.5	17.3	13.1	22.4	12.2	15.88	10.2
	5/24	火	17.2	16.2	15.0	16.6	13.4	14.0	18.0	18.0	16.05	4.6
	5/25	水	14.6	16.4	15.8	16.2	16.3	14.9	17.7	14.0	15.74	3.7
	5/26	木	15.9	13.9	15.6	14.9	19.5	13.4	17.0	11.6	15.23	7.9
	5/27	金	14.2	16.0	15.4	14.3	15.1	20.9	19.8	12.5	16.03	8.4
	5/30	月	13.6	15.6	15.6	15.5	16.1	13.5	7.8	14.1	13.98	8.3
	5/31	火	14.4	15.1	13.7	14.2	18.0	12.4	20.1	16.3	15.53	7.7
	6/1	水	14.6	13.9	12.4	15.1	19.0	13.9	15.3	17.9	15.26	6.6
	6/2	木	14.5	14.3	14.8	13.5	15.9	16.6	12.6	13.2	14.43	4.0
	6/3	金	13.7	13.8	14.4	13.5	14.8	19.2	16.6	20.7	15.84	7.2
	6/6	月	12.4	13.6	14.3	14.2	14.9	19.0	15.0	12.0	14.43	7.0
	6/7	火	12.4	13.7	13.0	13.9	17.9	19.8	18.1	7.6	14.55	12.2
	6/8	水	13.5	13.8	15.1	12.0	12.6	14.7	12.5	9.2	12.93	5.9
	6/9	木	14.8	11.8	11.7	14.0	15.6	9.1	19.4	13.2	13.70	10.3
	6/10	金	12.6	12.2	12.8	14.2	14.9	15.4	15.7	16.9	14.34	4.7
										計	381.94	159.6
										平均	15.278	6.38

手順 4 平均値の総平均値，範囲の総平均値の計算

平均値の総平均値：$\overline{\overline{X}}=\dfrac{\sum_{i=1}^{k}\overline{X}_i}{k}=$ 15.3

範囲の総平均値：$\overline{R}=\dfrac{\sum_{i=1}^{k}R_i}{k}=$ 6.4

手順 5 管理線の計算

① $\overline{X}$管理図

中心線：$\mathrm{CL}=\overline{\overline{X}}=$ 15.278

上側管理限界線および下側管理限界線を求めるために，管理図係数A_2を巻末「数値表」の「$\overline{X}-R$管理図用係数表」から求める．群の大きさが 8 であるから，以下のようになる．

$A_2=$ 0.373

上側管理限界線：$\mathrm{UCL}=\overline{\overline{X}}+A_2\overline{R}=$ 17.659

下側管理限界線：$\mathrm{LCL}=\overline{\overline{X}}-A_2\overline{R}=$ 12.896

② R管理図

中心線：$\mathrm{CL}=\overline{R}=$ 6.38

上側管理限界線および下側管理限界線を求めるために，管理図係数D_3およびD_4を巻末「数値表」の「$\overline{X}-R$管理図用係数表」から求める．群の大きさが 8 であるから，以下のようになる．

$D_3=$ 0.136

$D_4=$ 1.864

上側管理限界線：$\mathrm{UCL}=D_4\overline{R}=$ 11.90

下側管理限界線：$\mathrm{LCL}=D_3\overline{R}=$ 0.87

手順 6 および手順 7 管理図の作成，および，必要事項の記入

縦軸に$\overline{X}$もしくはRの値，横軸に群番号あるいは日付などを目盛り，管理

図を作成する．さらに，必要事項を記入すると**図3.5**のようになる．

- データ取得期間：5/9～6/10
- サンプリング方法：1日に各ライン(ライン1，ライン2)から4つずつランダムにサンプリング．

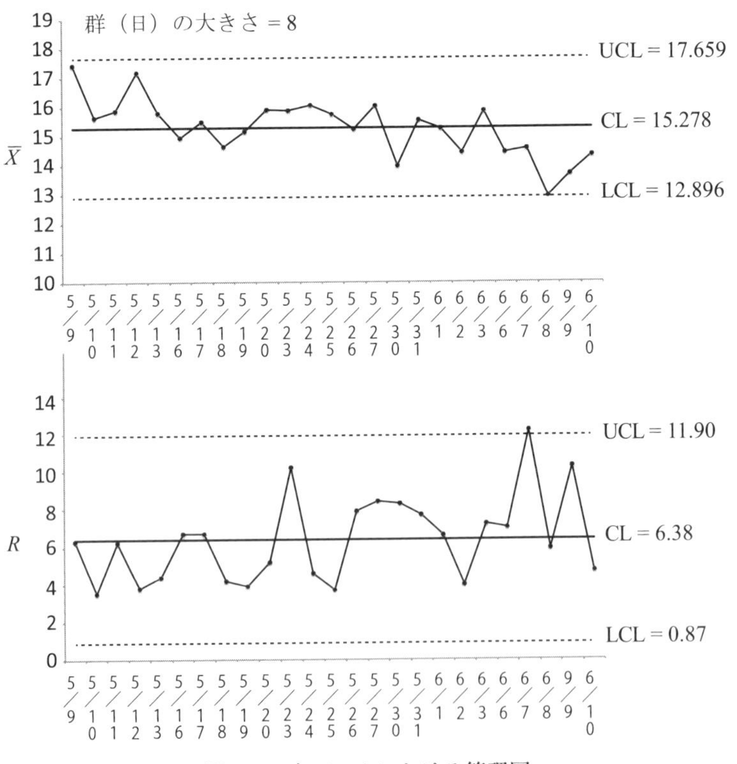

図3.5　全データにおける管理図

<ポイント解説>

管理図においても，ヒストグラムと同様に，群の大きさやデータ取得期間など，ばらつきの原因の追究に必要な情報を入れておく．特に，管理図は，プロセスの時間変化を表すので，横軸に日付などを入れておく．

問 1.3 【問 1.2】で作成した$\overline{X}-R$管理図に対して以下に示した異常判定ルールを適用し，工程が安定状態であるかどうか判定して，それを考察しなさい.

【得られる情報】

R 管理図において，

① 管理限界外の点がある.

② 9点が中心線に対して同じ側にある(長さ9の連).

③ 6点が増加，または減少している(上昇・下降傾向).

④ 14の点が交互に増減している(交互増減).

⑤ 連続する3点中2点が2シグマ線と3シグマ線の間の領域(領域A)にある.

⑥ 連続する5点中4点が1シグマ線と2シグマ線の間の領域(領域B)，またはそれを超えた領域にある.

⑦ 連続する15点が1シグマ線内の領域(領域C)にある(中心化傾向).

のうち，[①，⑤]が該当する.

以上より，R 管理図において，工程は{安定状態である，(安定状態でない)}と判定できる.

$\overline{X}$管理図においては，以下7点のうち，[⑤]が該当する.

以上より，$\overline{X}$管理図において，工程は{安定状態である，(安定状態でない)}と判定できる.

R 管理図および$\overline{X}$管理図による解析結果をまとめると，以下のようになる.

- 群内変動に異常が{(ある)，ない}.
- 群間変動に異常が{(ある)，ない}.

以上を踏まえてわかったことは，以下のようになる.

［解答例］ 群間変動には，日が違うことによる変動(日間変動)が現れる.
群内変動には，ラインが違うことによる変動(ライン間変動)および各ライ

ン内における製品のばらつきが現れる．ヒストグラムで現れるばらつき(分散や標準偏差)は，これらの変動から構成されていることがわかった．

<ポイント解説>

- $\overline{X}$管理図において，解答では「⑤連続する3点中2点が2シグマ線と3シグマ線の間の領域(領域A)にある」を選択したが，数値上では下側2シグマ線が13.69，打点が13.70であるため，⑤を満たしていない．しかし，この差は丸め誤差によって変わる範囲である．また，管理図を作成した目的は，ばらつきの原因を探索するためであるから，異常と思われるものは積極的に考察すべきであるので，あえて⑤を選んでいる．
- $\overline{X}$管理図において⑤を選ばない場合，どの判定ルールにも引っかからないが，この管理図からは「工程は安定状態でない」と判定するのがよい．なぜなら，全体的に下降傾向があるからである．工程が安定しているという意味は，「同じ(母)平均でデータの分布が推移している」ということである．つまり，工程が安定しているならば，その管理図は中心線CLを中心に，ランダムな点の動きをする．したがって，ここで作成した$\overline{X}$管理図はそうなっていないので，「工程は安定状態でない」と判定するのが妥当である．
- $\overline{X}$管理図，R管理図を見て，一目で工程に問題があると認識できるように，「安定状態でない」と判定した点の並び・クセをチェックしておく(**図3.6**)．
- $\overline{X}$管理図より，膜厚の平均値が日ごとに小さく(薄く)なっていることがわかる．R管理図では，前半部分のばらつきは小さいが，後半になって，ばらつきが大きくなっていることを読み取れる．すなわち，日ごとに平均膜厚が小さくなると同時に，ばらつきが増大していることがわかる．一般的に，0に下限がある物理量のような特性値は，大きさが小さくなると，ばらつきも小さくなる．これを考慮すると，本問の管理図は不自然な動きをしている．一つの群内に，ライン1およびライン2，ど

- データ取得期間：5/9〜6/10
- サンプリング方法：1日に各ライン(ライン1，ライン2)から4つずつランダムにサンプリング．

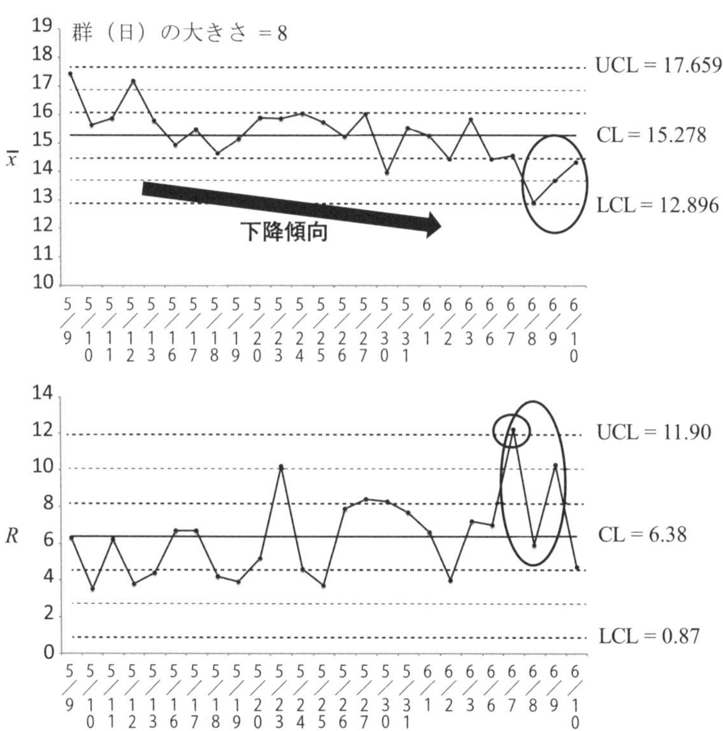

図 3.6 点の並び・クセをチェックした管理図

ちらからのデータが入っているので，これが影響しているのかもしれない．また，対策を打つ場面においても，「どちらのラインにも対策を打つのか」，また，「対策は異なるものにするのか」などの選択肢がある．したがって，次にラインごとに層別して，詳しく解析する必要がある．

問 1.4　ラインで層別したヒストグラムおよび管理図を作成し，ばらつきの原因を探索するうえでのポイントに注意しながら考察しなさい．

【得られる情報1】

「ラインで層別した度数分布表」と「ラインによる層別ヒストグラム」は表3.5と図3.7のようになる．これらについて考察すると以下のようになる．

表3.5　ラインで層別した度数分布表

No.	区間	区間の中心値	ライン1		ライン2	
			度数マーク	度数	度数マーク	度数
1	7.55～8.55	8.05		0	丅	2
2	8.55～9.55	9.05		0	丅	2
3	9.55～10.55	10.05		0		0
4	10.55～11.55	11.05		0	丅	2
5	11.55～12.55	12.05	正丅	7	正丅	7
6	12.55～13.55	13.05	正一	6	正正正丅	17
7	13.55～14.55	14.05	正正正正丅	22	正正	10
8	14.55～15.55	15.05	正正正正下	23	正正𤴓	14
9	15.55～16.55	16.05	正正正正一	21	正下	8
10	16.55～17.55	17.05	正正正丅	17	正正	10
11	17.55～18.55	18.05	下	3	正正下	12
12	18.55～19.55	19.05	一	1	正𤴓	9
13	19.55～20.55	20.05		0	𤴓	4
14	20.55～21.55	21.05		0	丅	2
15	21.55～22.55	22.05		0	一	1
計				100		100

［解答例］

- 分布の形においては，ライン1は正規分布形，ライン2は高原型，もしくは，正規分布形である．
- どちらのラインにおいても，分布の中心(平均値)は規格のほぼ中心にある．
- ライン1では不適合品は発生しておらず，不適合品はすべてライン2から出ていることがわかる．
- ライン2における不適合品は上限規格値を超えるもののほうが多い．

• データ取得期間：5/9〜6/10

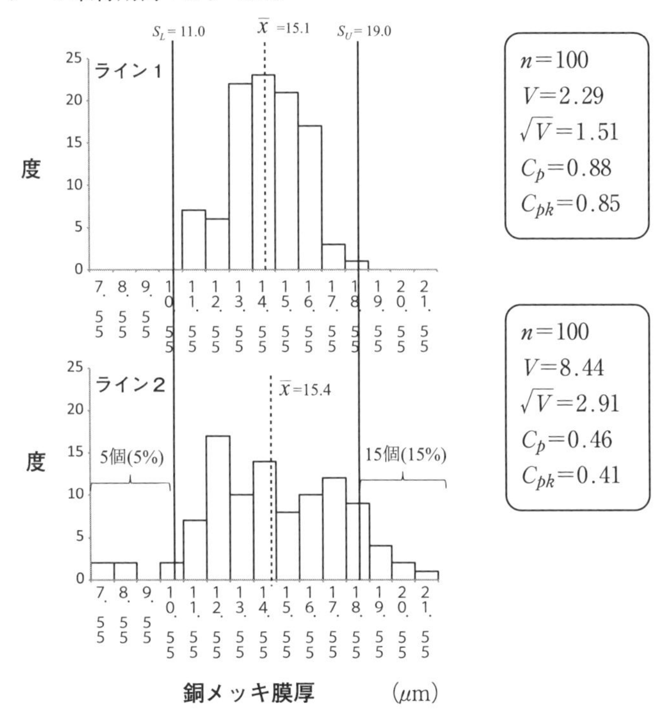

図 3.7 ラインによる層別ヒストグラム

これはばらつきが大きいことに加えて，分布の中心が若干，上限規格値に寄っているからだと思われる．

• ライン１とライン２に明らかな違いがあり，ライン２について，重点的に改善を行う必要がある．しかし，ライン１においても，工程能力は不十分である．ライン１に少しの変化が生じただけでも，ライン１から多くの不適合品が発生する可能性がある．したがって，ライン１のばらつきを低減する必要もある．

• 以上より，ライン１およびライン２についてそれぞれ管理図を作成し，膜厚分布の時間変化を解析する．

【得られる情報2】

管理図は**図3.8**になる．また，管理図を考察すると，以下のようになる．

- データ取得期間：5/9〜6/10
- 群の大きさ＝4

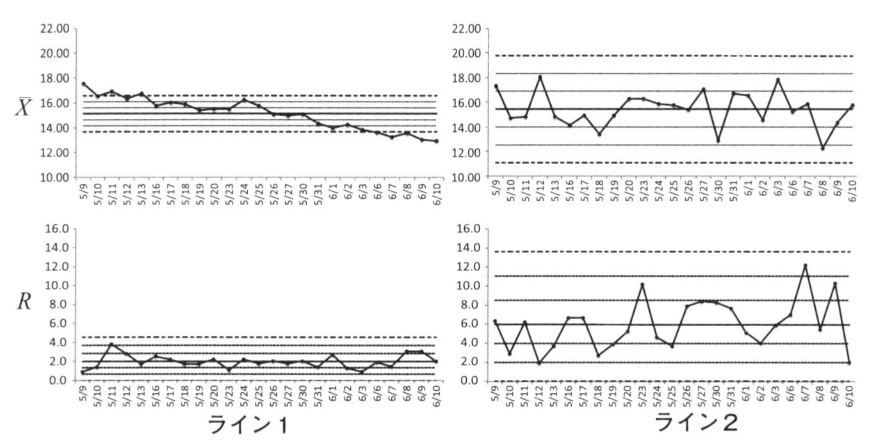

図3.8　ラインによる層別管理図

［解答例］

- ライン1の R 管理図では，特に問題となる点のクセはなく，「安定状態である」と判定できる．
- ライン1の $\overline{X}$ 管理図では，管理限界外の点が多発し，また，下降傾向が顕著である．判定ルールを用いるまでもなく，ライン1は明らかに安定状態でない．
- 以上より，ライン1は安定状態でない．
- ライン2の R 管理図および $\overline{X}$ 管理図では，特に問題となる点のクセはなく，安定状態であると判定できる．
- 以上より，ライン2は安定状態である．
- ライン1とライン2の R 管理図を比較すると，ライン2における中心線(約 6.0)はライン 1 の中心線(約 2.0)よりも，かなり大きい．これは，日内における膜厚のばらつき(群内変動=日内変動)は，ライン 1 よりもライン 2 のほうが大きいということである．

また，ヒストグラムと管理図とを合わせて考察すると，以下のようになる．

［解答例］

- ライン 1 におけるヒストグラム上のばらつきは，群内変動ではなく，著しい下降傾向による群間変動によるものであることがわかる．したがって，この著しい下降傾向の原因を調べ，是正することにより，工程能力を上げることができると予想される．
- ライン 2 におけるヒストグラム上のばらつきは，群間変動ではなく，群内変動によるものであることがわかる．しかも，$\overline{X}$管理図，R 管理図のどちらとも，安定状態を示している．これは，日による違いはなく，日間では同じように作られているということである．1 日における膜厚のばらつき(群内変動)が大きいので，1 日における生産をより詳しく分析し，ばらつき低減の糸口を見つけて行く必要がある．

【まとめ】

層別した解析をまとめると**表 3.6** のようになる．

<ポイント解説>

- データをラインごとに分けてヒストグラムを作成するので，ヒストグラムの作成手順に従うと，各ラインのヒストグラムの区間のとり方は互いに異なる．しかし，ラインで層別する目的はラインによる違いを見つけることだから，比較しやすいように区間のとり方を同じにするのがよい．また，層別したヒストグラムは，全体のヒストグラムの分解であるので，

表 3.6　層別した解析のまとめ

項目		ライン1	ライン2
ヒストグラムの形		正規分布形	高原形 or 正規分布形
分布の中心位置とばらつき	平均値と規格との位置関係	平均値 =15.1 ほぼ規格の中心	平均値 =15.4 ほぼ規格の中心
	標準偏差	1.51	2.91
	工程能力指数 C_p, C_{pk}	C_p =0.88 C_{pk}=0.85	C_p =0.46 C_{pk}=0.41
規格外れの状況	全体規格外 （個数，率）	0 (0%)	20 (20%)
	上側規格外 （個数，率）	0 (0%)	15 (15%)
	下側規格外 （個数，率）	0 (0%)	5 (5%)
R 管理図による判定		安定状態	安定状態
$\overline{X}$管理図による判定		著しい下降傾向	安定状態
総合判定および対策ポイント		1日の平均膜厚における著しい下降傾向の原因調査	1日における生産を詳細に分析し，日内変動の構成要素を明確にするなどして，日内変動を低減するための糸口を調査する．

全体との比較も行いたい．したがって，層別したヒストグラムの区間のとり方は，全体のヒストグラムのものと同じにするとよい．

- 層別した管理図においても，ライン1とライン2を比較することが目的であるから，$\overline{X}$管理図および R 管理図の縦軸の目盛りは，ライン1とライン2において揃えておく．また，値が比較しやすいようにライン1とライン2は横に並べておく．

問 2.1　分散成分を推定し，直，バッチ，回路基板のうち，どの変動から対策を行うべきか，優先順位を示しなさい．

第i番目の直，第i番目における第j番目のバッチ，第i番目の直および第j番目のバッチにおける第k番目の回路基板の膜厚をx_{ijk}とする．ただし，$i=1, \cdots, 20(=a)$，$j=1, 2$，$k=1, 2$である．

手順1および手順2　特性と要因，データをとる．

手順3　各段階における平均値の計算

- 各バッチにおける回路基板の平均値：

$$\bar{x}_{ij\bullet}=\frac{x_{ij1}+x_{ij2}}{2}, \quad i=1, 2, \cdots, 20\ (=a), \quad j=1, 2$$

- 各直における平均値：

$$\bar{x}_{i\bullet\bullet}=\frac{\bar{x}_{i1\bullet}+\bar{x}_{i2\bullet}}{2}, \quad i=1, 2, \cdots, 20 \quad (=a)$$

- 全体の平均値：

$$\bar{x}_{\bullet\bullet\bullet}=\frac{\sum_{i=1}^{a=20}\sum_{j=1}^{2}\sum_{j=1}^{2}x_{ijk}}{n}, \quad n=80 \quad (\text{全データ数})$$

これらをまとめると，**表3.7**のようになる．

- 計算例：$i=1$の場合：

$$j=1\text{のとき，}\ \bar{x}_{11\bullet}=\frac{x_{111}+x_{112}}{2}=\frac{19.7+20.3}{2}=20.00$$

$$j=2\text{のとき，}\ \bar{x}_{12\bullet}=\frac{x_{121}+x_{122}}{2}=\frac{19.7+20.6}{2}=20.15$$

$$\bar{x}_{1\bullet\bullet}=\frac{\bar{x}_{11\bullet}+\bar{x}_{12\bullet}}{2}=\frac{20.00+20.15}{2}=20.075$$

手順4　平方和の計算

平方和は，ばらつき(変動)を表す量である．**表3.7**より以下のように求められる．

表 3.7　枝分れ実験計算表

i	各直の平均値 $\bar{x}_{j\bullet\bullet}$	バッチ $j=1$ の平均値 $\bar{x}_{j1\bullet\bullet}$	バッチ $j=2$ の平均値 $\bar{x}_{j2\bullet\bullet}$
1	20.075	20.00	20.15
2	14.900	14.70	15.10
3	16.175	16.95	15.40
4	13.475	11.70	15.25
5	10.725	12.15	9.30
6	13.625	12.45	14.80
7	19.875	17.85	21.90
8	16.875	15.75	18.00
9	15.925	15.30	16.55
10	15.350	13.50	17.20
11	14.325	13.30	15.35
12	15.175	17.00	13.35
13	13.300	12.35	14.25
14	16.625	17.60	15.65
15	18.800	23.25	14.35
16	12.050	11.05	13.05
17	16.050	17.45	14.65
18	14.950	18.35	11.55
19	15.225	15.65	14.80
20	15.475	18.25	12.70
計	15.44875		

• 回路基板間変動：

$$S_\gamma=\sum_{i=1}^{a=20}\sum_{j=1}^{2}\sum_{k=1}^{2}(x_{ijk}-\bar{x}_{ij\bullet})^2=\sum_{i=1}^{a=20}\sum_{j=1}^{2}\frac{1}{2}(x_{ij1}-x_{ij2})^2$$

$$=\boxed{\frac{1}{2}\{(19.7-20.3)^2+(19.7-20.6)^2+\cdots+(12.8-12.6)^2\}}$$

$$=\boxed{48.055}$$

• バッチ間変動：

$$S_\beta=\sum_{i=1}^{a=20}\sum_{j=1}^{2}\sum_{k=1}^{2}(\bar{x}_{ij\bullet}-\bar{x}_{i\bullet\bullet})^2=2\sum_{i=1}^{a=20}\frac{1}{2}(\bar{x}_{i1\bullet}-\bar{x}_{i2\bullet})^2=\sum_{i=1}^{a=20}(\bar{x}_{i1\bullet}-\bar{x}_{i2\bullet})^2$$

$=\boxed{\{(20.00-20.15)^2+(14.70-15.10)^2+\cdots+(18.25-12.70)^2\}}$

$=\boxed{259.3025}$

- 直間変動：

$$S_\alpha=\sum_{i=1}^{a=20}\sum_{j=1}^{2}\sum_{k=1}^{2}(\bar{x}_{i\cdot\cdot}-\bar{x}_{\cdot\cdot\cdot})^2=4\sum_{i=1}^{a=20}(\bar{x}_{i\cdot\cdot}-\bar{x}_{\cdot\cdot\cdot})^2$$

$=\boxed{4\{(20.075-15.44875)^2+(14.900-15.44875)^2+\cdots+(15.475}$
$\boxed{-15.44875)^2\}}$

$=\boxed{417.642375}$

- 総平方和：

$$S_T=\sum_{i=1}^{a}\sum_{j=1}^{2}\sum_{k=1}^{2}(\bar{x}_{ijk}-\bar{x}_{\cdot\cdot\cdot})^2$$

$=\boxed{\{(19.7-15.44875)^2+\cdots+(12.6-15.44875)^2\}}$

$=\boxed{724.999875}$

手順 5　分散分析表の作成

分散分析表を作成すると表 3.8 のようになる.

表 3.8　分散分析表

要因	**平方和** S	**自由度** ϕ	**平均平方** V	$E(V)$
直(α)	417.642375	19	21.98117763	$\sigma_\gamma^2+2\sigma_\alpha^2+24\sigma_\alpha^2$
バッチ(β)	259.3025	20	12.965125	$\sigma_\gamma^2+2\sigma_\beta^2$
回路基板(γ)	48.055	40	1.201375	σ_γ^2
合計	724.999875	79		

手順 6　分散成分の推定

- 直間変動の分散成分：

$$\hat{\sigma}_\alpha^2=\frac{V_\alpha-V_\beta}{4}=\boxed{\frac{21.98117763-12.965125}{4}}=\boxed{2.2540}=\boxed{(1.50)^2}$$

- バッチ間変動の分散成分：

$$\hat{\sigma}^2_\beta = \frac{V_\beta - V_\gamma}{2} = \boxed{\frac{12.965125 - 1.201375}{2}} = \boxed{5.881875} = \boxed{(2.43)^2}$$

- 回路基板間変動の分散成分：

$$\hat{\sigma}^2_\gamma = V_\gamma = \boxed{1.201375} = \boxed{(1.096)^2}$$

手順7　対策の順位付け

直間変動，バッチ間変動，回路基板変動のうち，どこから攻めるか優先順位をつける．

1位：＿バッチ間変動＿，2位：＿直間変動＿，

3位：＿回路基板変動＿

問2.2　【問1.4】での優先順位で改善できた場合における工程能力指数を推定しなさい．ただし，ここでは，「改善できた場合，該当する分散成分の値が0になる」として推定しなさい．

ライン2からランダムにサンプリングした回路基板の現状の分散は，

$$\hat{\sigma}^2 = \hat{\sigma}^2_\alpha + \hat{\sigma}^2_\beta + \hat{\sigma}^2_\gamma = \boxed{2.2540 + 5.8819 + 1.2014 = 9.3373 = (3.06)^2}$$

である．【問1.4】において優先順位1位の変動を改善できたとすると，その改善後の回路基板の分散と工程能力指数は，

$$\hat{\sigma}^2_{New1} = \boxed{\hat{\sigma}^2_\alpha + \hat{\sigma}^2_\gamma = 2.2540 + 1.2014 = 3.4554 = (1.86)^2}$$

$$C_p = \frac{S_U - S_L}{6\sqrt{\hat{\sigma}^2_{New1}}} = \boxed{\frac{19 - 11}{6\sqrt{3.4554}} = 0.72}$$

である．【問1.4】において優先順位1位および2位の変動を改善できたとすると，その改善後の回路基板の分散と工程能力指数は，以下のようになる．

$$\hat{\sigma}^2_{New2} = \boxed{\hat{\sigma}^2_\gamma = 1.2014 = (1.096)^2}$$

$$C_p = \frac{S_U - S_L}{6\sqrt{\hat{\sigma}^2_{New2}}} = \boxed{\frac{19-11}{6\sqrt{1.2014}} = 1.22}$$

問 2.3　全体をまとめなさい.

本問については「演習問題 3 のまとめ」も兼ねているため，以下がその［解答例］となる.

■演習問題 3 のまとめ

- 全体のヒストグラムから，本問で取り上げている銅メッキ膜厚のばらつき低減問題は，ばらつき問題であることがわかった．なぜなら，全体のヒストグラムにおける分布の中心(平均値)は，規格の真ん中にあり，メッキ時間を長くするなどの膜厚全体を高くするような対策では解決できないからである．ばらつきの原因を探るため，次に管理図によって，膜厚分布の推移を見た.
- 全体の管理図において，$\overline{X}$管理図，R 管理図とも安定状態を示さなかった．また，$\overline{X}$管理図で下降傾向を確認でき，この打点のクセが対策へのヒントになりそうである．さらに詳しくラインごとに分析した.
- ラインで層別したヒストグラムより，ライン 1 よりもライン 2 のほうに大きな問題があることがわかる．ライン 1 は不適合品が発生していないが，ライン 2 はばらつきが大きく，不適合品が規格の両側で発生しており，上限規格側でより多く発生している．しかし，ライン 1 の工程能力は不十分であり，不適合品は発生していないものの，ばらつきを低減する必要がある.
- ラインで層別した管理図より，ライン 1 においては，$\overline{X}$管理図において顕著な下降傾向が見られた．R 管理図においては，安定状態を示している．したがって，ライン１では，日に日に膜厚が薄くなる原因を調べ，対策を打てばよいことがわかった．例えば，メッキ液の濃度管理の現場を調べ，標準を改定するといったような対策が考えられる．

- ラインで層別した管理図より，ライン２においては，ばらつきは大きいが，$\overline{X}$管理図，R 管理図とも安定状態を示していた．ライン１のような明確で系統的なクセがないため，対策を考えにくい．ライン２における(ヒストグラム上の)ばらつきは，ほとんど群内(日内)変動である．そこで，群内である日における生産を分析し，群内変動をさらに詳しく調べるために枝分れ実験によるデータのサンプリングを行った．
- 直，バッチ，回路基板を要因とした枝分れ実験によるデータのサンプリングを行い，直間変動，バッチ間変動，回路基板間変動の大きさを推定した．その結果，バッチ間変動，直間変動，回路基板間変動の順に大きいことがわかった．ゆえに，この順に生産作業を調査し，ばらつきの原因となっているものを特定していけばよい．
- 概算ではあるが，バッチ間変動が解消されれば，工程能力指数は C_pで 0.72，バッチ間変動および直間変動が解消されれば，工程能力指数は C_pで 1.22 となる．したがって，ライン２においては，狙うはバッチ間変動および直間変動であることがわかった．

演習問題 4
レジスト寸法のばらつき低減

◇1 問題編

4.1 解決すべき問題

半導体製造工程の一工程である**図 4.1** に示すフォトレジスト工程とは，酸化膜上に温度や湿度によって特性が変化してしまう感光性樹脂であるフォトレジストを塗布し，塗布機を回転させることで均一な厚さとなるようにレジスト膜を作る．ウエーハ回転数などで制御しながらできるだけレジストの膜厚を均一にしようとしているが，下地の酸化膜の膜厚が少なからず影響する．次に，フォトマスクを通してフォトレジストに露光し，光が当たった場所が現像で除

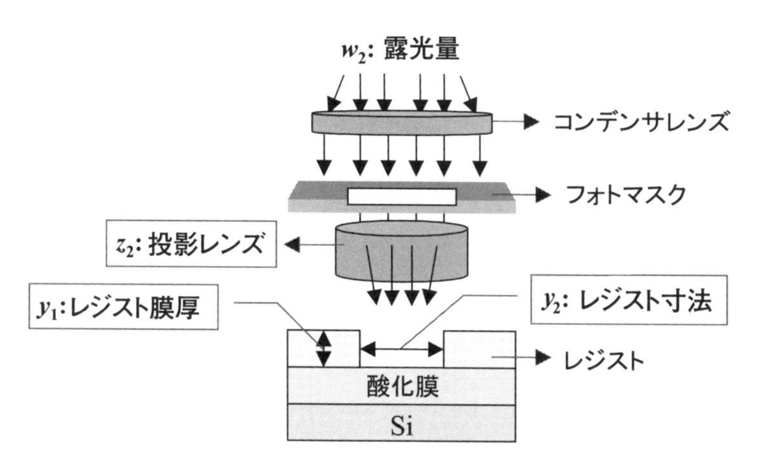

図 4.1　リソグラフィ工程におけるレジスト寸法

去され，管理特性であるレジスト寸法が実現される工程である．そのため，投影レンズのフォーカスがブレていると適切な露光がされず，結果として狙ったレジスト寸法を実現できなくなる．また，紫外線の影響も受けるため，フォトレジストを扱っているクリーンルームでは，長波長の黄色い照明が使用されている．

この工程では，「レジスト寸法」のばらつきが，酸化膜に形状加工する後工程であるエッチング工程に多大な影響を与える可能性があり，この寸法のばらつき低減は重要な改善テーマとなっている．なお，工程の状況については，川村ら[1)]を参考に記述している．

4.2　現状把握（その1）

【変動要因の絞り込み】

はじめに，5人の技術者が集まり，ブレーンストーミングをしながら，レジスト寸法のばらつきに影響を与えていると考えられる変動要因を列挙した．挙げられた変動要因を図（解答用紙参照）に整理し，「レジスト膜厚のばらつき，投影レンズのフォーカスのブレ，酸化膜の膜厚のばらつきが，主要な原因である」との見解で全員が一致した．

問1.1　工程の4Mのフレームワークに当てはめながら，「レジスト寸法のばらつきに影響を与えている」と考えられる変動要因を図に整理することにした．図中の空欄を埋めよ．

問1.2　5人の技術者がブレーンストーミングを行っている．このような状況で，「どのようなメンバーを集めるべきか」について述べよ．

1）　川村大伸・仁科健・東出政信・嶋津康治（2008）：「半導体ウエーハ処理工程におけるSPCとAPCの融合」，『品質』，Vol.38，No.3.

4.3 現状把握(その2)

【データによるばらつき具合の把握】

主要な変動要因として抽出されたレジスト膜厚，投影レンズのフォーカス値，酸化膜の膜厚，それらにレジスト寸法も含めたデータを採取し，データによる現状把握を行うことにした．収集したデータを表4.1に示す．なお，データは指数化してある．

表4.1 収集したデータ

レジスト寸法	レジスト膜厚	フォーカス	酸化膜の膜厚	レジスト寸法	レジスト膜厚	フォーカス	酸化膜の膜厚
1.38	1.41	1.11	0.62	1.69	1.78	0.78	1.84
1.48	1.61	1.47	1.20	0.02	0.04	0.38	0.44
0.04	-0.05	-0.25	-0.13	2.30	2.44	2.30	1.25
1.94	1.91	0.01	2.87	2.80	2.90	0.61	-0.07
0.41	0.48	1.33	1.11	1.18	1.30	0.21	1.61
0.14	0.00	0.47	1.00	-1.16	-1.20	-0.54	0.42
0.65	0.86	1.34	0.96	0.80	0.82	-0.14	1.34
0.36	0.15	0.75	0.29	0.01	-0.11	0.54	1.49
0.57	0.55	1.21	1.12	1.97	2.01	1.04	1.42
0.81	0.86	1.41	1.16	1.63	1.58	1.47	1.48
0.72	0.74	1.45	1.51	0.53	0.59	1.16	0.91
-0.49	-0.59	0.57	1.53	1.54	1.45	0.30	1.69
1.17	1.21	-0.13	2.36	1.55	1.45	1.12	-0.14
0.68	0.88	1.91	2.24	1.18	1.21	0.48	-0.14
-2.25	-2.50	-1.72	0.65	2.23	2.12	1.47	0.18
0.37	0.33	1.60	0.96	2.75	2.97	1.74	-0.25
0.56	0.71	0.47	-0.38	0.54	0.43	0.57	2.24
0.53	0.40	0.34	1.46	1.88	1.92	0.99	2.29
0.90	0.90	1.38	1.79	0.67	0.64	1.07	0.31
0.44	0.30	-0.29	-0.04	1.34	1.38	-0.03	1.93
-0.21	-0.25	0.76	1.46	2.63	2.66	0.62	1.55
0.50	0.36	-0.71	0.74	0.94	0.82	-0.06	1.22
0.20	0.07	1.14	1.81	0.94	1.02	1.76	-0.26

表4.1　つづき

レジスト寸法	レジスト膜厚	フォーカス	酸化膜の膜厚
-0.87	-0.87	0.17	0.86
-0.79	-0.72	1.04	0.42
0.00	-0.17	-0.27	0.38
2.55	2.73	1.75	-0.39
1.19	5.35	1.20	0.02
0.80	4.74	0.48	0.43
0.74	4.66	-0.12	-0.21
0.85	4.96	2.61	0.36
2.39	6.46	1.92	0.04
0.58	4.65	1.13	1.13
0.45	4.53	-0.17	1.02
-1.02	3.05	-0.25	0.29
2.91	7.02	3.01	1.35
-0.49	3.42	0.45	0.07
2.31	6.56	2.79	0.64
1.28	5.39	1.39	0.93
-0.67	3.20	0.19	0.74
0.42	4.24	-0.08	0.59
2.75	6.98	2.82	2.63
0.27	4.24	1.03	-0.46
0.42	4.45	1.46	0.68
2.71	6.82	2.73	0.99
0.32	4.22	-0.21	0.21
0.61	4.63	0.76	2.69
1.39	5.52	1.26	0.71
2.69	6.82	2.10	-0.11
1.02	5.13	0.94	0.55
-1.95	1.85	-0.91	0.71
1.06	5.05	0.44	1.03
0.60	4.70	1.11	1.81
1.16	5.03	0.67	2.05
0.08	3.95	0.69	0.70
1.69	5.73	0.18	0.79
1.07	4.97	1.64	-0.53
1.21	5.24	1.74	3.53
2.35	6.40	0.52	1.23
0.92	5.01	1.54	0.81
0.76	4.81	1.31	0.07
2.07	6.11	1.64	2.64
1.14	5.08	0.55	1.00
1.47	5.56	1.24	-0.01
0.68	4.68	1.26	0.67
2.37	6.49	2.14	0.57
2.48	6.55	2.52	0.38
1.49	5.59	1.83	1.01
-0.26	3.65	-0.32	1.94
1.26	5.21	0.90	1.09
0.64	4.61	0.99	0.91
2.05	5.97	1.37	0.86
2.24	6.39	3.09	0.02
2.17	6.17	1.92	1.15
-1.28	2.59	-1.19	0.15
0.81	4.83	1.30	1.43
0.90	4.86	0.81	-0.81

問2.1　表4.1のデータを利用して,「レジスト寸法のヒストグラム」を作成し,C_pおよびC_{pk}の値を計算した後に得られる情報を考察せよ.

問 2.2 表 4.1 のデータを利用して,「レジスト膜厚のヒストグラム」を作成し, 分布の状況について考察せよ. なお, レジスト膜厚は 0 ± 4 に入ることを目標に制御されている.

自工場のデータと関連会社である他工場のデータが混在していることがわかったことから, 自工場のレジスト膜厚のデータ(表 4.2)だけを社内データベースから抽出し, 新しく分析することにした.

表 4.2 自工場のレジスト膜厚のデータ

1.38	1.43	0.75	0.10
1.03	3.73	1.27	1.80
0.90	1.67	1.78	0.21
3.28	-0.70	-0.85	2.63
-0.28	1.67	2.04	0.75
0.52	0.24	0.15	0.59
-0.25	2.28	1.07	3.28
0.74	1.59	-0.97	0.24
0.23	0.05	1.78	0.27
0.27	2.58	-0.49	1.91
0.16	1.90	0.78	1.70
-0.55	1.63	0.83	1.30
2.13	2.60	-0.44	0.32

-0.67	2.41	1.49	1.73
-0.81	0.93	1.44	1.66
-0.37	2.20	-0.03	0.78
0.50	0.54	-0.30	0.50
1.16	2.30	1.73	1.57
0.50	3.61	1.29	0.54
1.63	2.10	0.59	2.37
-0.46	0.10	1.07	0.65
2.07	-0.97	2.20	1.88
-0.01	-1.78	0.85	-0.09
2.01	1.01	-1.17	0.43
0.09	2.22	1.58	1.12

問 2.3 表 4.2 のデータを利用して,「レジスト膜厚のヒストグラム」を作成し, C_p および C_{pk} の値も計算せよ.

問 2.4 表 4.1 のデータを利用して,「フォーカス値および酸化膜の膜厚のヒストグラム」を作成し, C_p および C_{pk} の値も計算せよ. なお, フォーカス値は 0 ± 4 に入ることを目標に制御されており, 酸化膜の膜厚の規格は 0 ± 2 である.

ここまでは，レジスト寸法と各変動要因を単独に分析してきた．次は，多変量連関図を作成し，レジスト寸法と各変動要因，および各変動要因間の関連性を調べる．ヒストグラムの検討は既に実施していることから，ここでは散布図に着目した検討を行う．なお，散布図で大まかな関連性を視覚的に判断するのと同時に，散布図上に表記されている相関係数によって量的な把握も行う．

問 2.5　レジスト膜厚のデータのみ表 4.2 を使用し，他の変動要因とレジスト寸法については表 4.1 のデータを使用して，多変量連関図を作成せよ．また，散布図ごとに相関係数の値も計算せよ．

4.4　実験データの解析

ここまでの分析から，レジスト寸法のばらつきに効いている変動要因として，レジスト膜厚とフォーカス値の 2 つが有力な候補であり，これらの変動要因のばらつきを抑えることができれば，レジスト寸法のばらつき低減が期待できる．しかし，そのためには多額の設備投資が必要になる可能性があるため，「本当にこの 2 つの変動要因がレジスト寸法のばらつきに影響を与えているのか」を確かめるため，二元配置の実験を行うことにした．

レジスト膜厚とフォーカス値をそれぞれ因子 A，因子 B として実験を行う．表 4.3 のように，レジスト膜厚(因子 A)の水準を A_1：1.0，A_2：2.0 のように 2 水準とり，フォーカス値(因子 B)の水準を B_1：5.0，B_2：6.0 のように 2 水準設定した．

表 4.3　実験に取り上げる因子と水準

因子	第 1 水準	第 2 水準
レジスト膜厚(A)	1.0	2.0
フォーカス値(B)	5.0	6.0

2(因子 A の水準数) × 2(因子 B の水準数) × 2(繰返し) = 8 回の実験をランダムな順序で実施する．PC で乱数を発生させ，実験順序をランダムに決めると，表 **4.4** のようになった．この実験順序に従い，得られたレジスト寸法のデータが表 **4.5** である．

表 4.4　実験の順序

		因子 A：レジスト膜厚	
		A_1 : 1.0	A_2 : 2.0
因子 B：フォーカス値	B_1 : 5.0	6 番目	2 番目
		8 番目	5 番目
	B_2 : 6.0	3 番目	1 番目
		4 番目	7 番目

表 4.5　レジスト寸法のデータ(実験結果)

		因子 A：レジスト膜厚	
		A_1 : 1.0	A_2 : 2.0
因子 B：フォーカス値	B_1 : 5.0	96	93
		98	92
	B_2 : 6.0	97	95
		99	95

問 3.1　今回の実験では繰返しが 2 回となっている．実験を簡略化するために，同じ膜厚のレジストを 1 個のみ作製して実験データを得ることは正しいだろうか．理由とともに答えなさい．

問 3.2　「組合せにおける膜厚の平均値，因子における各水準の平均値」の表の空欄を埋めよ．

問 3.3　「因子 A および因子 B」それぞれの「主効果グラフおよび交互作用グ

ラフ」を作成し，考察せよ．

問 3.4　主効果(因子 A および因子 B)の平方和，自由度，平均平方をそれぞれ計算せよ．

問 3.5　「2 因子交互作用効果の推定値」の表の空欄を埋めよ．

問 3.6　2 因子交互作用効果の平方和，自由度，平均平方をそれぞれ求めよ．

問 3.7　レジスト寸法の誤差を求め，その表の空欄を埋めよ．

問 3.8　誤差平方和，自由度，平均平方をそれぞれ求めよ．

問 3.9　レジスト寸法の各データと全平均との差をそれぞれ求め，その表の空欄を埋めよ．

問 3.10　総平方和を求めよ．

問 3.11　分散分析表を作成し，主効果および交互作用効果の有無を判定せよ．

4.5　改善効果の確認

改善効果の有無を判断するため，改善後のレジスト寸法のデータを新しく採取し，n=20 個の**表 4.6** のデータが得られた．改善前のデータから計算された

表 4.6　n=20 個のデータ

94.8	95.1	95.6	95.7	94.7	95	94.7	94.8	94.5	94.7
94.6	94.7	94.9	95	95.3	95.5	96.0	95.5	94.5	94.4

分散の値から基準値を$\sigma_0^2=1.11$と設定し，改善効果の有無を推定および検定により判定する．

問 4.1 母分散の点推定および信頼率を 95%とした区間推定を行え．

問 4.2 改善効果の有無を検定により判定せよ．

◇2　標準解答解説編

問 1.1　工程の 4M のフレームワークに当てはめながら，「レジスト寸法のばらつきに影響を与えている」と考えられる変動要因を図に整理することにした．図中の空欄を埋めよ．

工程の 4M（ Material ， Machine ， Method ， Man ）のフレームワークに当てはめながら，**図 4.2** のような 特性要因図 を作成した．

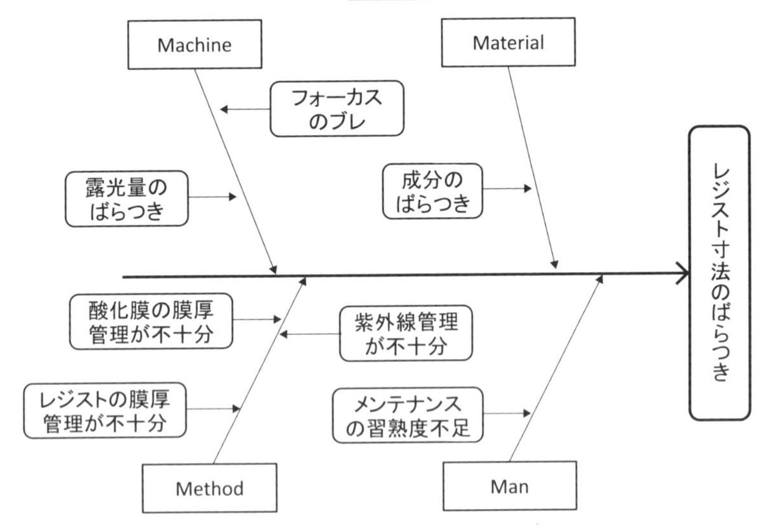

図 4.2　ばらつきに影響すると考えられる原因を整理した図

問 1.2　5 人の技術者がブレーンストーミングを行っている．このような状況で，「どのようなメンバーを集めるべきか」について述べよ．

［解答例］　製造部・生技部・品管部・設計部・保全部など，フォトレジスト工程に関係しているメンバーを横断的に集めて議論することが問題解決の早道である．

問 2.1　表 4.1 のデータを利用して，「レジスト寸法のヒストグラム」を作成し，C_p および C_{pk} の値を計算した後に得られる情報を考察せよ．

【得られる情報】

まず，「レジスト寸法のヒストグラム」(**図 4.3**) を見てみる．レジスト寸法のばらつきが大きいと認識されていたとおり，規格に対してばらつきが｛ 大きく ， 小さく ｝，C_p の値は 0.633 であり，C_{pk} の値は 0.333 である．どちらの値であっても，1.33 を下回っていることから，工程能力は｛ 十分 ， 不十分 ｝である．また，両規格の中心は 0 であり，平均値が約 0.95 であることから，偏りがあるときの工程能力指数である｛ C_p ， C_{pk} ｝の値で評価するのが妥当である．なお，レジスト寸法の平均値は，露光量を操作変数として制御可能であることからあまり問題ではなく，レジスト寸法のばらつきのほうが深刻な問題である．

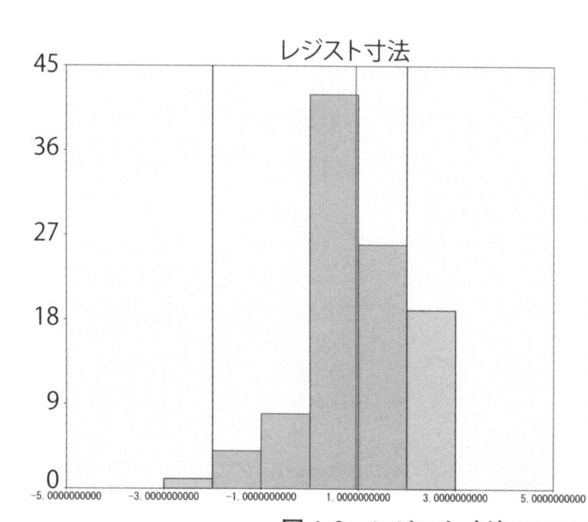

データ数	100
最小値	-2.254038340
最大値	2.912256635
平均値	0.9482553745
標準偏差	1.05355178794
ひずみ	-0.359
とがり	0.392
上限規格値	2.000000000
下限比較値	-2.000000000
C_p	0.633
C_{pk}	0.333
規格外データ数	20

図 4.3　レジスト寸法のヒストグラム

<ポイント解説>

一般的に平均値は今回のように調整を行うことで相対的に容易に対処できるが，ばらつきへの対処は困難となることが多い．したがって，品質を向上させたいときには，平均値の偏りに注目し，偏りがある場合には，まずは「調整で対応可能であるか」について検討することがポイントとなる．

問 2.2 表 4.1 のデータを利用して，「レジスト膜厚のヒストグラム」を作成し，分布の状況について考察せよ．なお，レジスト膜厚は 0 ± 4 に入ることを目標に制御されている．

【得られる情報】

レジスト膜厚のヒストグラム(**図 4.4**)を見てみると，上側規格を超えているデータ数が 100 個中43個もあり，{ 大きな ，小さな } 偏りが見られる．当然，C_{pk}は 0.144 と非常に { 高い ，低い } 値となっている．だが，この結果は，4 人の技術者の見解とは一致しなかった．なぜなら，レジスト膜厚は，塗布機の回転速度で制御されていることから，これほどばらつきが大きいことは考えられなかった．そこで，データ収集の際に記入していた付随情報を確認してみると，自工場のデータと関連会社である他工場のデータが混在していることがわかった．このことから，ヒストグラムが { 正規分布形 ，歯抜け形 ，右歪み形 ，左絶壁形 ，高原形 ，二山形 ，離れ小島形 } となっていることについても納得できる．

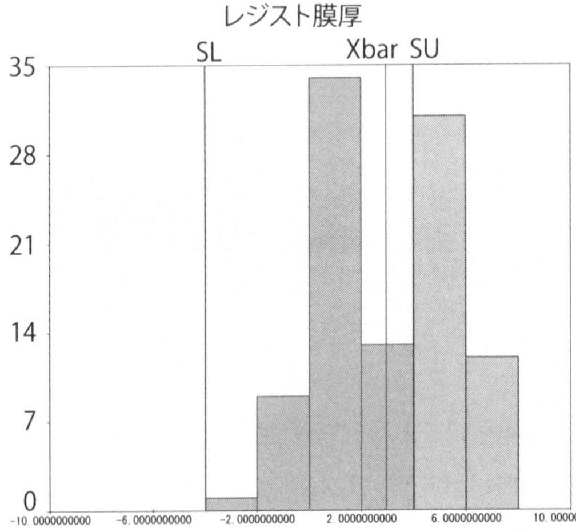

データ数	100
最小値	-2.495868328
最大値	7.017791416
平均値	2.9567284242
標準偏差	2.40787826675
ひずみ	-0.008
とがり	-1.259
上限規格値	4.000000000
下限比較値	-4.000000000
C_p	0.554
C_{pk}	0.144
規格外データ数	43

図 4.4 レジスト膜厚のヒストグラム

問 2.3　表 4.2 のデータを利用して，「レジスト膜厚のヒストグラム」を作成し，C_p および C_{pk} の値も計算せよ．

【得られる情報】

「レジスト膜厚のヒストグラム」(図 4.5)を見ながら，社内データベースから抽出した自工場のレジスト膜厚のデータから計算し直すと，C_p の値は 1.200，C_{pk} の値は 0.908 であり，ヒストグラムからも他工場のデータが混在していた場合に比べ，ばらつきが { 大きく ，小さく } なっていることがわかる．

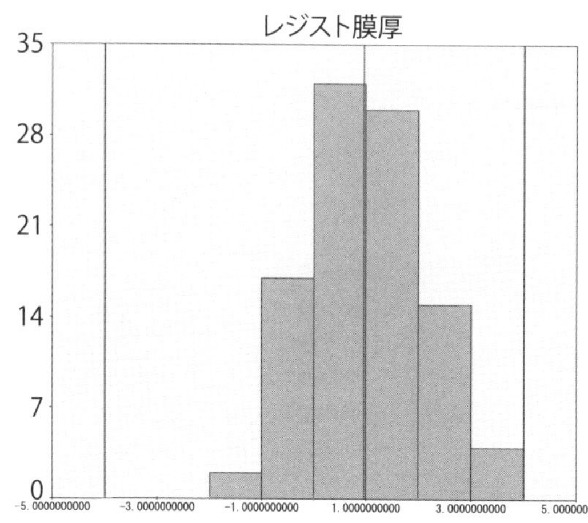

データ数	100
最小値	-1.776845432
最大値	3.725573664
平均値	0.9722717955
標準偏差	1.11098731391
ひずみ	0.077
とがり	-0.286
上限規格値	4.000000000
下限比較値	-4.000000000
C_p	1.200
C_{pk}	0.908
規格外データ数	0

図 4.5　新しく採取したレジスト膜厚のヒストグラム

問 2.4　表 4.1 のデータを利用して，「フォーカス値および酸化膜の膜厚のヒストグラム」を作成し，C_p および C_{pk} の値も計算せよ．なお，フォーカス値の規格は 0 ± 4 に入ることを目標に制御されており，酸化膜の膜厚の規格は 0 ± 2 である．

【得られる情報】

「フォーカス値のヒストグラム」(図 4.6)を見てみると，C_p の値は 1.451 であ

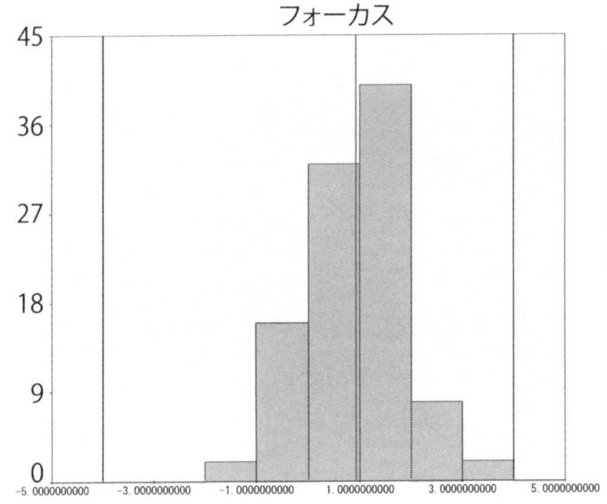

データ数	100
最小値	-1.721022768
最大値	3.091361590
平均値	0.9254606323
標準偏差	0.91898760073
ひずみ	-0.021
とがり	0.230
上限規格値	4.000000000
下限比較値	-4.000000000
C_p	1.451
C_{pk}	1.115
規格外データ数	0

図 4.6　フォーカス値のヒストグラム

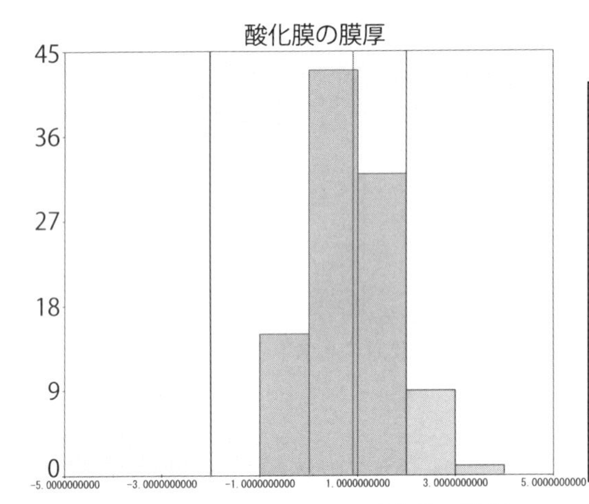

データ数	100
最小値	-0.805174669
最大値	3.526386877
平均値	0.9078857646
標準偏差	0.83858166406
ひずみ	0.503
とがり	0.193
上限規格値	2.000000000
下限比較値	-2.000000000
C_p	0.795
C_{pk}	0.434
規格外データ数	10

図 4.7　酸化膜の膜厚のヒストグラム

り，1.33を超えていることから，工程能力は{（十分），不十分}であると判断される．C_{pk}の値は1.115であり，偏りを考慮すると工程能力は少し不足しているが，それほどばらつきは大きくないことがわかる．

対照的に「酸化膜厚のばらつき」(**図 4.7**)は大きく，C_pの値は0.795であり，

C_{pk}の値は0.434である．変動要因であるレジスト膜厚，フォーカス値および酸化膜の膜厚のなかで，最も酸化膜の膜厚のC_{pk}の値が低いことから「酸化膜の膜厚変動の低減がレジスト寸法のばらつき低減に有効である」と推察される．

問 2.5　レジスト膜厚のデータのみ表 4.2 を使用し，他の変動要因とレジスト寸法については表 4.1 のデータを使用して，多変量連関図を作成せよ．また，散布図ごとに相関係数の値も計算せよ．

【得られる情報】

「多変量連関図」(図 4.8)のなかにある「レジスト寸法と各変動要因との散布図」を見てみると，「レジスト寸法とレジスト膜厚」および「レジスト寸法とフォーカス値」の散布図では｛ 正の相関関係がある ，負の相関関係がある ，相関関係がない ｝．これらは事前に特性要因図から予想した結果と一致している．しかし，酸化膜の膜厚に関しては，予想に反して｛ 正の相関関係がある ，負の相関関係がある ，相関関係がない ｝．酸化膜の膜厚は，規格に対してばらつきが大きいことは事実であるが，レジスト寸法とは｛ 正の相関関係がある ，負の相関関係がある ，相関関係がない ｝ことから，改善対象の変動要因からは取り除くことにした．

＜ポイント解説＞

「多変量連関図」(図 4.8)はヒストグラムと散布図から構成されており，ヒストグラムが対角線上に配置されている図である．一変量および二変量の関係をまとめて把握できることから，視覚的にデータを検討する際には打って付けの図である．

問 3.1　今回の実験では繰返しが 2 回となっている．実験を簡略化するために，同じ膜厚のレジストを 1 個のみ作製して実験データを得ることは正しいだろうか．理由とともに答えなさい．

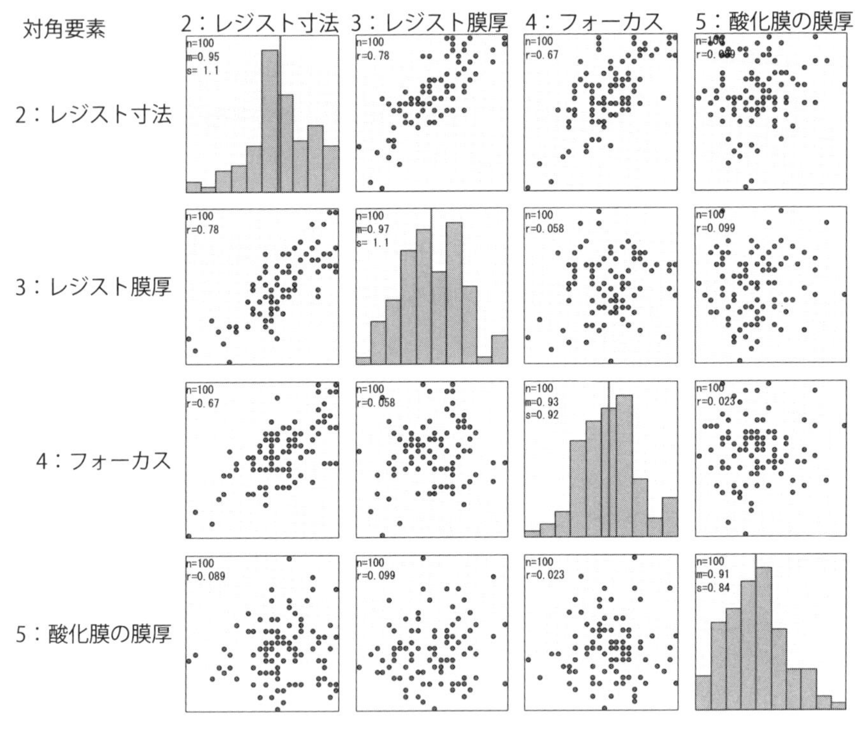

図 4.8　多変量連関図

［解答例］　実験の際に注意すべきは，繰返しが2回となっていることから，同じ膜厚のレジストを2個作製する必要があることである．今回は総実験数が8回であることから，計8個のレジストを用意しなければならない．同様に，フォーカス値の設定も実験ごとに設定をやり直さなければならない．**表 4.4** の3番目と4番目の実験を見れば，どちらも因子 B のフォーカスの設定値は B_2：6.0となっている．この場合には，3番目の実験のときに設定した値のまま4番目の実験をするのではなく，4番目の実験時に再度水準を設定し直す．このような手間のかかることを毎回しなければならない理由は，水準設定上の誤差が入り込むためである．6.0の値に設定したとしても実際には6.01と設定されているかもしれない．毎回

水準設定をやり直すという操作により，このような系統誤差を確率誤差に転化する．つまり，偏った結果が得られないようにするための必須操作なのである．

問 3.2 「組合せにおける膜厚の平均値，因子における各水準の平均値」の表の空欄を埋めよ．

空欄を埋めると表 **4.7** のようになる．

表 4.7 組合せにおける膜厚の平均値，因子における各水準の平均値

		因子 A：レジスト膜厚		行の平均値
		A_1：1.0	A_2：2.0	
因子 B：フォーカス値	B_1：5.0	97.0	92.5	94.8
	B_2：6.0	98.0	95.0	96.5
列の平均値		97.5	93.8	95.6

問 3.3 「因子 A および因子 B」それぞれの「主効果グラフおよび交互作用グラフ」を作成し，考察せよ．

【得られる情報】

「主効果グラフ」から，レジスト膜厚(因子 A)は，第 1 水準から第 2 水準へ変化させると，レジスト寸法は短くなる．逆にフォーカス値(因子 B)は，第 1 水準から第 2 水準へ変化させると，レジスト寸法は長くなる．その一方で，「交互作用グラフ」を見ると，因子 A に対して B_1 および B_2 の変化パターンはほぼ平行移動の関係になっていることから，2 因子交互作用($A \times B$)の存在可能性は｛ 高い ，(低い) ｝と推察できる．

問 3.4 主効果(因子 A および因子 B)の平方和，自由度，平均平方をそれぞれ計算せよ．

因子 A における各水準の平均値(**表 4.4** の列の平均値)から，

$$S_A=[(97.5-95.6)^2+(93.8-95.6)^2]\times4=\boxed{28.13}$$

と求められる．因子 B についても同様にして，以下のように求められる．

$$S_B=[(94.8-95.6)^2+(96.5-95.6)^2]\times4=\boxed{6.13}$$

主効果の平方和の自由度は，これも 1 元配置と同様，「(水準数)－1」であるので，因子 A の平方和の自由度は $\phi_A=\boxed{1}$，因子 B の平方和の自由度は $\phi_B=\boxed{1}$ である．平均平方は，平方和を自由度で割る．因子 A の平均平方は $V_A=\boxed{28.13}$，因子 B の平均平方は $V_B=\boxed{6.13}$ である．

＜ポイント解説＞

主効果とは，因子が特性値の真の値に，個別的に影響を与える効果のことである．したがって，**図 4.9** の左側から一つ目と二つ目のグラフが示しているように，水準に対する各水準の平均値の変化が，主効果の様子を表している．主効果は，1 元配置における因子の効果と同様である．したがって，各主効果の平方和は，因子を個別に見て，1 元配置と同様に求めればよい．因子 A の平方和(これを主効果 A の平方和とよぶこともある)を求めるときには，**表 4.3** において因子 B を無視し，繰返しが 4 回の 1 元配置だと思って計算すればよい．

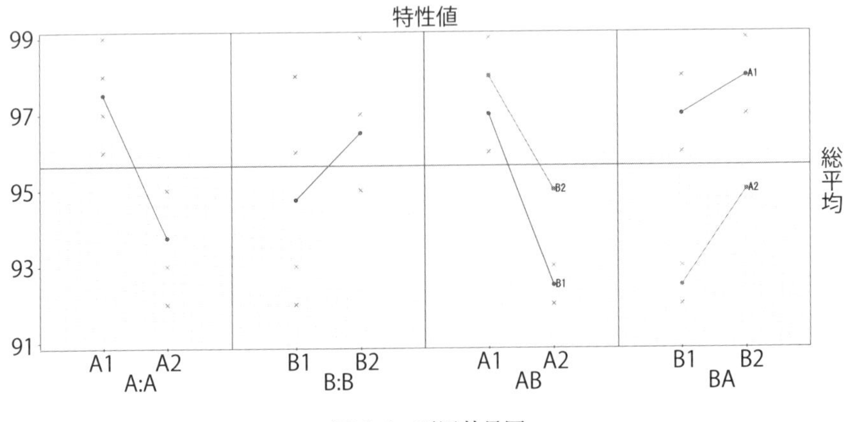

図 4.9　要因効果図

問 3.5 「2 因子交互作用効果の推定値」の表の空欄を埋めよ.

空欄を埋めると表 4.8 のようになる.

表 4.8 2 因子交互作用効果の推定値

		因子 A：レジスト膜厚	
		A_1：1.0	A_2：2.0
因子 B：フォーカス値	B_1：5.0	0.3	-0.5
		0.3	-0.5
	B_2：6.0	-0.4	0.3
		-0.4	0.3

問 3.6 2 因子交互作用効果の平方和，自由度，平均平方をそれぞれ求めよ.

表 4.8 の数値をすべて 2 乗して合計すると因子 A と因子 B の 2 因子交互作用効果の平方和 $S_{A\times B}$は，以下のようになる.

$$S_{A\times B}=S_{A\times B}$$
$$=(0.3)^2+(0.3)^2+(-0.4)^2+(-0.4)^2+(-0.5)^2+(-0.5)^2+(0.3)^2+(0.3)^2$$
$$=[(0.3)^2+(-0.4)^2+(-0.5)^2+(0.3)^2]\times 2$$
$$=\boxed{1.13}$$

2 因子交互作用効果の平方和 $S_{A\times B}$の自由度 $\phi_{A\times B}$は，以下のようになる.

$$\phi_{A\times B}=(\text{因子 }A\text{ の平方和の自由度})\times(\text{因子 }B\text{ の平方和の自由度})$$
$$=1\times 1=\boxed{1}$$

2 因子交互作用効果の平均平方は，以下のようになる.

$$V_{A\times B}=1.13\ /\ 1=\boxed{1.13}$$

＜ポイント解説＞

2因子交互作用効果の推定値は，

(レジスト寸法)－[(行の平均値)＋(列の平均値)－(全平均)]

に値を代入することで求めることができる．この推定値から平方和を求める．ただし，レジスト寸法の値は，同じレジスト膜厚(因子 A)とフォーカス値(因子 B)を設定した状態で得られた値が2つあるので，それらを平均した値を用いる．すなわち，**表4.4**を使って，上の式で2因子交互作用効果の推定値を求めることで**表4.5**の値を計算できる．**表4.5**において，例えば，レジスト膜厚が1.0(A_1)およびフォーカス値が5.0(B_1)のときの2因子交互作用効果の推定値は，以下のようになる．

$$97.0-[94.8+97.5-95.6]=0.3$$

因子 A と因子 B の水準組合せごとにレジスト寸法値は2つずつあるので，2因子交互作用効果の推定値も，同様に2つずつ存在する．**表4.5**の数値をすべて2乗して合計することで因子 A と因子 B の2因子交互作用効果の平方和 $S_{A\times B}$ を求めることができる．

問3.7　レジスト寸法の誤差を求め，その表の空欄を埋めよ．

空欄を埋めると**表4.9**のようになる．

表4.9　レジスト寸法の誤差

		因子 A：レジスト膜厚	
		A_1：1.0	A_2：2.0
因子 B：フォーカス値	B_1：5.0	-1	0.5
		1	-0.5
	B_2：6.0	-1	0
		1	0

問 3.8 誤差平方和，自由度，平均平方をそれぞれ求めよ．

誤差平方和 S_eは，以下のようになる．

$$S_e = (-1)^2 + (1)^2 + (-1)^2 + (1)^2 + (0.5)^2 + (-0.5)^2 + (0)^2 + (0)^2$$
$$= \boxed{4.5}$$

誤差平方和の自由度 ϕ_eは，総平方和 S_Tの自由度 ϕ_Tを用いて，

$$\phi_e = \phi_T - \phi_A - \phi_B - \phi_{A \times B}$$

であることから，以下のようになる．

$$\phi_e = 7 - 1 - 1 - 1 = \boxed{4}$$

また，平均平方は，以下のようになる．

$$V_e = S_e / \phi_e = 4.5/4 = \boxed{1.125}$$

＜ポイント解説＞

誤差は(実測値)－(レジスト寸法の推定値)である．8 回の実験結果から求めたレジスト寸法の誤差は**表 4.9** となる．**表 4.9** の個々の値を 2 乗し，合計したものが誤差平方和 S_eとなる．

問 3.9 レジスト寸法の各データと全平均との差をそれぞれ求め，その表の空欄を埋めよ．

空欄を埋めると**表 4.10** のようになる．

表 4.10 データの全平均との差

		因子 A：レジスト膜厚	
		A_1：1.0	A_2：2.0
因子 B：フォーカス値	B_1：5.0	0.4	-2.6
		2.4	-3.6
	B_2：6.0	1.4	-0.6
		3.4	-0.6

問 3.10 総平方和を求めよ.

表 4.10 の個々の値を 2 乗し，合計したものが総平方和 S_T であることから，以下のようになる.

$$S_T = (0.4)^2 + (2.4)^2 + (1.4)^2 + (3.4)^2 + (-2.6)^2 + (-3.6)^2 + (-0.6)^2 + (-0.6)^2$$
$$= \boxed{39.88}$$

問 3.11 分散分析表を作成し，主効果および交互作用効果の有無を判定せよ.

【2 因子交互作用効果の検定】

2 因子交互作用効果の検定を行う際の帰無仮説および対立仮説は，

H_0：[2因子交互作用効果はない]

H_1：[2因子交互作用効果はある]

である．もし，2 因子交互作用効果がなければ，$F_0 = V_{A\times B}/V_e$ は分子の自由度 1，分母の自由度 4 の F 分布に従うことから，

$F_0 \geqq F(1, 4 : 0.05)$

のとき，帰無仮説を棄却する．今回は，$F(1, 4 : 0.05) = \boxed{7.71}$ なので，$F_0 \leqq F(1, 4 : 0.05)$ が成り立ち，「2 因子交互作用効果がある」とはいえない．よって，組合せを考慮する必要のないことがわかる.

次に主効果の検定を行う.

【因子 A（レジスト膜厚）の検定】

帰無仮説と対立仮説は，

H_0：レジスト膜厚（因子 A）に効果が｛ ある ，(ない) ｝

H_1：レジスト膜厚（因子 A）に効果が｛ (ある) ， ない ｝

である．もし，効果がなければ，$F_0 = V_A/V_e$ は分子の自由度 1，分母の自由度 4 の F 分布に従うことから，

$F_0 \geqq F(1, 4:0.05)$

のとき，帰無仮説を棄却する．$F(1, 4:0.05)=$ [7.71] なので，$F_0 \geqq F(1, 4:0.05)$が成り立ち，「レジスト膜厚は効果がある」といえる．また，$F(1, 4:0.01)=$ [21.2] であるから，因子 A の主効果は高度に｛ (有意である) ，有意でない ｝である．

【因子 B(フォーカス値)の検定】

帰無仮説と対立仮説は，

H_0：フォーカス値(因子 B)に効果が｛ ある ， (ない) ｝

H_1：フォーカス値(因子 B)に効果が｛ (ある) ， ない ｝

である．もし，効果がなければ，$F_0=V_B/V_e$は分子の自由度 1，分母の自由度 4 の F 分布に従うことから，

$F_0 \geqq F(1, 4:0.05)$

のとき，帰無仮説を棄却する．$F(1, 4:0.05)=$ [7.71] なので，$F_0 \leqq F(1, 4:0.05)$が成り立ち，「フォーカス値の主効果がある」とはいえない．

【得られる情報】

表 4.11 の解析結果より，相関分析からレジスト寸法のばらつきに効いている変動要因として，レジスト膜厚とフォーカス値の 2 つが有力な候補であったが，実験により実際に効いている変動要因は｛ (レジスト膜厚) ，フォーカス値 ｝のみであることがわかった．したがって，｛ (レジスト膜厚) ，フォーカ

表 4.11 分散分析表

要因	平方和	自由度	平均平方	F_0
A	28.13	1	28.13	25
B	6.13	1	6.13	5.444
AB	1.13	1	1.13	1
誤差 e	4.5	4	1.13	
計	39.88	7		

ス値｝のばらつきを抑えることができれば，レジスト寸法のばらつき低減が期待できる．よって，レジスト膜厚の規格幅を現状よりも狭くし，管理を徹底する対策をとった．

問5.1　母分散の点推定および信頼率を95%とした区間推定を行え．

はじめに母分散の点推定を行うと，

- 点推定：

$$\hat{\sigma}^2 = V = \frac{\sum_{i=1}^{n}(x_i - \bar{x})^2}{n-1} = \frac{3.92}{19} = \boxed{0.206316}$$

となり，信頼率を95%としたときの区間推定は，以下のようになる．

- 区間推定：

$$\left(\frac{\sum_{i=1}^{n}(x_i-\bar{x})^2}{\chi^2\left(\phi, \frac{\alpha}{2}\right)}, \frac{\sum_{i=1}^{n}(x_i-\bar{x})^2}{\chi^2\left(\phi, 1-\frac{\alpha}{2}\right)}\right)$$

$$=\left(\frac{\sum_{i=1}^{n}(x_i-\bar{x})^2}{\chi^2\left(n-1, \frac{0.05}{2}\right)}, \frac{\sum_{i=1}^{n}(x_i-\bar{x})^2}{\chi^2\left(n-1, 1-\frac{0.05}{2}\right)}\right)$$

$$=\left(\frac{3.92}{32.9}, \frac{3.92}{8.91}\right)$$

$$\cong(\boxed{0.1191}, \boxed{0.4400})$$

問5.2　改善効果の有無を検定により判定せよ．

母分散の統計的検定の手順に従って解析を行う．なお，基準値をσ_0^2，そのときの検定統計量をχ_0^2で表す．

手順1　仮説の設定

- 帰無仮説 $H_0 : \sigma^2 = 1.11 (= \sigma_0^2)$

• 対立仮説 H_1：$\boxed{\sigma^2 < 1.11(=\sigma_0^2)}$

手順2 有意水準 α の設定(0.05 あるいは 0.01)

$\alpha = 0.05$ とする．

手順3 棄却域 R の設定

対立仮説 H_1が $\boxed{\sigma^2 < \sigma_0^2}$ であり，有意水準 $\alpha = 0.05$ であることから，棄却域 R は，以下のようになる．

$$\chi_0^2 \leqq \chi^2(n-1, 1-\alpha) = \chi^2(19, 0.95) = \boxed{10.12}$$

手順4 検定統計量の計算

$$\chi_0^2 = \frac{\sum_{i=1}^{n}(x_i - \bar{x})^2}{\sigma_0^2} = \frac{3.92}{1.11} = \boxed{3.53}$$

手順5 判定

手順4で計算した検定統計量の値が，手順3で設定した棄却域 R に含まれていることから，帰無仮説 H_0は｛(棄却される)，棄却されない｝．つまり，母分散は改善目標値であった1.11よりも｛大きい，(小さい)｝と判定されたことになる．したがって，｛(改善活動の効果はあった)，改善活動の効果はなかった｝と結論づけることができる．

■演習問題4のまとめ

(1) 実験において因子が多い場合の対処方法

今回の演習問題では，実験に取り上げる因子数が少なかったことから，要因配置実験を使用した．因子数が多い場合には，実験数を削減しながら効率的な実験が可能となる直交表を用いた実験が行われる．発展的な話題として，多くの因子のなかから効果のある因子を絞り込むスクリーニング実験において，直交表を用いた実験よりも実験回数に対して多くの因子を考慮できる過飽和計画というものがある．過飽和計画を用いた実験により得られたデータを解析する手法がさまざまな研究者により提案されているが，決定的な手法は未だ確立されておらず，このことが実務で活用するうえでの大きな障壁となっている．現段階においては，舟橋・川村[2]によって提案されている手法が最も有用であると考えられる．

(2)　相関は因果関係を意味しない

散布図や相関分析から変動要因として，「レジスト膜厚」と「フォーカス値」を取り上げたが，実験データを解析することで，「レジスト膜厚」は「レジスト寸法」の変動要因ではないことが明らかとなった．相関が因果関係を意味しないことはデータ解析のいろはであり，相関があったとしても今回のように実験を行うことで，確実に因果関係を捉えることが重要である．

「実験が因果関係を把握するのに有益な方法である」とはいうものの，実験には時間やコストがかかるだろう．したがって，今回のように操業データを分析することで，実験に取り上げる因子を実験前に絞り込んでおくことは，実験にかかる時間やコストを削減するのに大変有益である．

(3)　統計的検定はデータ数が少ない場合に有効である

近年はビッグデータという用語が飛び交っており，ビッグデータを冠した書籍が多く出版されている．それらの書籍のなかには統計的検定を解説しているものも見受けられるが，統計的検定はビッグデータではなく，少数データを扱うときに有効であることを忘れてはならない．ビッグデータに対して統計的検定を用いると，検出力が高くなりすぎるために，常に有意となる結果を招いてしまう．

2）　舟橋京平，川村大伸(2017)：『2水準過飽和計画における改良版ボックス・メイヤーメソッド』，日本品質管理学会第113回研究発表会．

(4) データ解析においては固有技術的知見からの検討が必須である

データの収集および解析を行うときには，必ず固有技術的知見(対象に対する知見)からの考察を行いながら実施することが必要である．データ解析と固有技術の両方に関する知識をもつことが理想ではあるが，そのような人物は少ないであろう．したがって，技術に詳しい人物とデータ解析に強い人物でチームを組み，問題解決に取り組むことが効果的である．

演習問題 5
調整工程の工数削減

◇1 問題編

5.1 解決すべき問題

某社では，自動の位置決め機能をもつドリルを販売している．販売しているドリルの重要な特性の一つに，位置決め精度がある．某社の製品は，X 軸，Y 軸についてそれぞれ±35μm の精度を規格としている．さらに，このドリルは先端部を付け替えて使用することができ，先端部 A と先端部 B の 2 つが用意されている．ドリルを最初に組んだ状態では，位置決め精度が不足していることがわかっている．そこで，規格を満足するために 1 台 1 台のドリルに対して先端部 A，先端部 B ともに調整工程を設け，X 軸，Y 軸の位置調整パラメータを算出している．

位置調整パラメータの算出の詳細を**図 5.1** に示す．まず，先端部 A について XY 平面上に指定された座標の 16 箇所に実際にドリルで穴を空け，その穴の位置をカメラで測定する(**図 5.2** に穴あけおよび測定のイメージを示す)．16 箇所の穴の位置と指定された座標のずれ量を計算する．計算されたデータにもとづいて平均値を求め，X 軸，Y 軸の位置調整パラメータを求める．X 軸，Y 軸の位置調整パラメータをドリルに設定すると，入力したパラメータに対して原点となるように補正を行う(例えば，16 個の x 座標の平均値が −10.0μm であった場合，−10.0 を調整パラメータとして設定すると，10.0μm 正の方向に全体的にシフトする)．再度 XY 平面上に指定された座標の 16 箇所に実際に

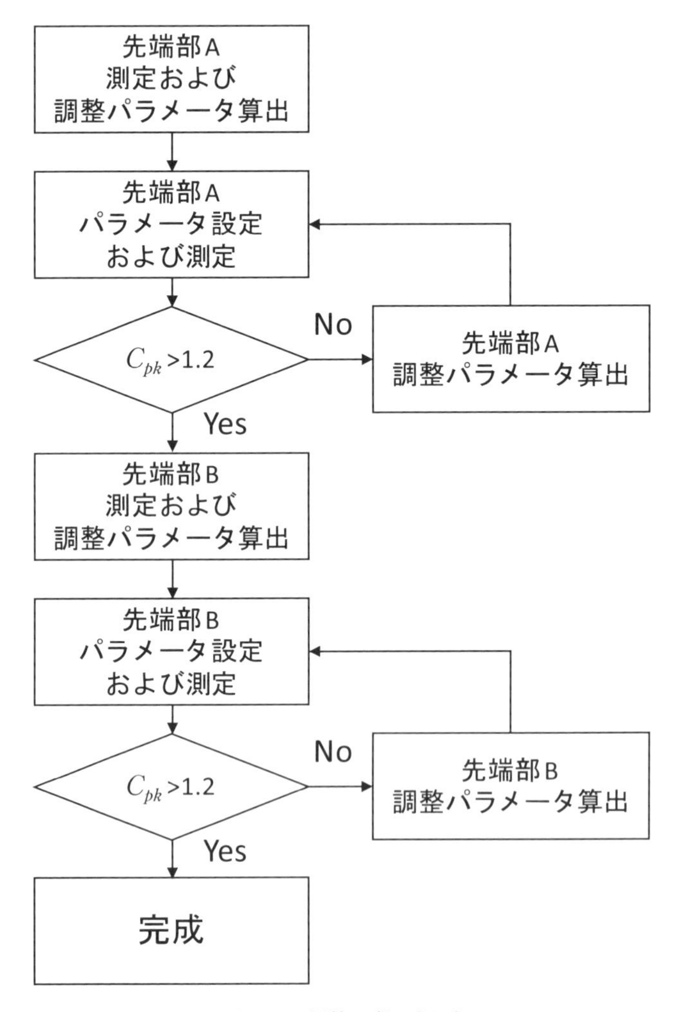

図 5.1 調整工程の概要

ドリルで穴を空け，その穴の位置をカメラで測定する．16 箇所の穴の位置と指定された座標のずれ量が 16 個得られるので，16 個のデータから $\pm 35\mu$m の精度を規格としたときの工程能力指数を求める．『実践的 SQC(統計的品質管理)入門講座 1　データのとり方・まとめから始める統計的方法の基礎』(日科

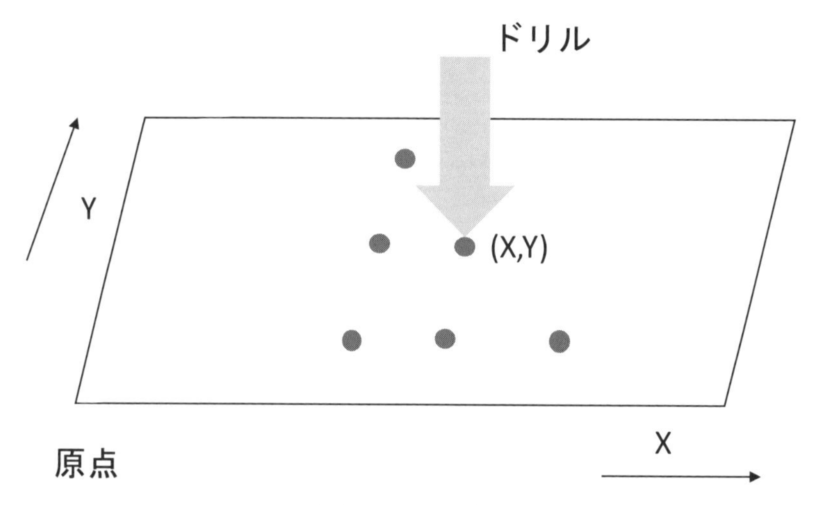

図 5.2 穴あけおよび測定のイメージ

技連出版社，2015 年)では，1.33 以上が望ましいとされている[1)]が，ここでは技術的な見地から工程能力指数 C_{pk} が 1.2 を超えていれば十分と判断し，合格とする．不合格の場合には，X 軸，Y 軸の位置調整パラメータを再度求めて設定し，規格を満たすまでこれまでの工程を繰り返す．

先端部 A について合格した後は，先端部 B についても同様に調整パラメータを設定する．すなわち，ドリル 1 台当たり最低でも 4 回測定している．1 回の測定には 30 分程度が必要であり，合計で 2 時間以上必要とするため，これまでの 50 台分の調整の実績データをもとにして，調整工程の効率化を検討することとした．

1) 棟近雅彦 監修，川村大伸・梶原千里 著：『実践的 SQC(統計的品質管理)入門講座 1 データのとり方・まとめから始める統計的方法の基礎』(日科技連出版社，2015 年)，p.43 を参照．

5.2 現状把握(その1)

測定回数の特徴を整理するため,「各装置について測定を何回実施したか」を整理した表**5.1**にもとづき分析をすることにした.

表5.1 各先端部の測定回数

ドリル No.	先端部A測定回数	先端部B測定回数
1	2	2
2	2	2
3	2	2
4	2	2
5	2	2
6	2	2

例えば, ドリルNo.1の先端部Aの測定回数が2回であるが, **図5.1**の測定および調整パラメータ算出で1回測定し, パラメータ設定および測定で1回の計2回の測定を行った後, $C_{pk} > 1.2$より先端部Aに関する工程を終了していることを表す.

問1 表5.1のデータは一部であるため, 全体のデータ[2)]を参照し,「A, Bそれぞれの測定を何回ずつ行っているドリルが, それぞれ何台あるのか」がわかるように(例えば, Aを2回, Bを2回測定しているドリルが30台など), まとめて考察せよ.

5.3 現状把握(その2)

各ツールA, Bの2回目の測定を廃止できないか検討する. 1回目の測定で

2) 「問題用紙」と同様に日科技連出版社Webページからダウンロードすること.

得られた調整パラメータを設定して，ほぼ確実にC_{pk}＞1.2にできることがわかれば，確認のための2回目の測定を廃止できる．

問2.1 先端部A,Bにおける初回の測定にもとづく調整前のx座標における値のC_{pk}について，全体のヒストグラムを作成せよ．また，このとき，「C_{pk}は正規分布に従う」として考察せよ．

問2.2 初回の測定にもとづくy座標についてのC_{pk}について，全体のヒストグラムを作成し，考察せよ．データは【問1】で使用した「全体のデータ」に含まれており，表5.2の形式である．ここで，「A1x C_{pk}」とは，先端部Aにおける初回の測定にもとづくx座標のC_{pk}を表す．

表5.2 各先端部のC_{pk}(一部)

ドリル No.	A1x C_{pk}	A2x C_{pk}	A1y C_{pk}	A2y C_{pk}	B1x C_{pk}	B1y C_{pk}
1	1.53	2.01	0.70	2.01	2.67	1.10
2	1.00	1.90	1.22	1.73	0.82	1.30
3	0.89	2.76	1.15	1.99	0.76	1.16
4	1.36	1.81	0.05	2.09	1.54	0.03
5	1.04	1.92	1.04	1.44	0.62	1.00
6	0.68	1.41	1.00	1.64	0.83	2.04

問2.3 2回目の測定にもとづくx座標およびy座標のC_{pk}について，全体のヒストグラムを作成し，それについて考察せよ．

初回測定にもとづくx座標，y座標のC_{pk}が1.2を超えて十分規格を満たしていれば，2回目の測定を廃止できると考えられる．50台のデータを分析して，これを検討したい.

問 2.4 先端部 A, B で層別した初回の測定にもとづく「x 座標の C_{pk} のヒストグラム」を作成せよ.

問 2.5 初回の測定にもとづく y 座標の C_{pk} についても,「先端部 A, B で層別したヒストグラム」を作成せよ.

問 2.6 以上にもとづき, 分布の形や規格外れの状況を考察して,「2 回目の測定を廃止することが可能かどうか」を考えよ.

5.4 対策の立案(その 1)

調整パラメータに何らかの傾向があれば, その平均置をあらかじめ設定しておくことで, 製造したドリルごとに測定せずに, A, Bの調整パラメータの設定値を求められないか検討することで調整工程の削減が可能かどうか検討したい. なお, A, B各先端部の一部の調整パラメータは**表 5.3** のとおりである.

表 5.3 各先端部の調整パラメータ(一部)

ドリル No.	先端部 A		先端部 A		先端部 B		先端部 B	
	$\bar{x}$	s	$\bar{y}$	s	$\bar{x}$	s	$\bar{y}$	s
1	8.3	5.80	-22.9	5.73	5.7	3.67	-22.2	3.90
2	-17.5	5.82	-12.3	6.23	-22.8	4.95	-15.7	4.95
3	-24.3	4.01	-15.3	5.74	-27.2	3.42	-13.6	6.12
4	-9.4	6.30	-34.1	5.54	-14.4	4.46	-34.7	4.64
5	-17.2	5.72	-10.3	7.87	-24.9	5.39	-15.0	6.67
6	-18.8	7.95	-14.6	6.77	-25.6	3.76	-17.8	2.80

問 3.1 「x 座標の調整パラメータ $\bar{x}$ のヒストグラム」および「y 座標の調整パラメータ $\bar{y}$ のヒストグラム」を作成せよ.

問 3.2 「x 座標の調整パラメータの中心が 0 となっているか」を検定せよ.

問 3.3 以上の分析にもとづき，50 台の調整パラメータ $\bar{x}$, $\bar{y}$ の平均をすべてのドリルにあらかじめ設定したとして，x, y 座標をシフトさせた調整パラメータにもとづいて新たに工程能力指数 C_{pk} を計算し，C'_{pk} として求めよ．また，新たに求めた C'_{pk} のヒストグラムを作成し，「1.2 を超えて十分規格を満たしているかどうか」を検討せよ.

5.5 対策の立案(その 2)

【問 3.3】までの検討では，調整工程を完全に廃止することを検討していた．ここでは，先端部 A の調整パラメータを用いて，先端部 B の調整パラメータを求められないか検討することで，調整回数を削減することを考える．すなわち，A と B の調整パラメータに何らかの関係があれば，A の調整パラメータから B の調整パラメータを推定することで，B の測定を省略することを考える.

問 4.1 「先端部 B の $\bar{x}$ と $\bar{y}$ が先端部 A の調整パラメータから求められるかどうか」を検討するために，散布図を作成し，回帰式を求めよ．その後，残差を検討し，「回帰式を用いてよいかどうか」を検討せよ.

問 4.2 先端部 B の $\bar{x}$ と $\bar{y}$ とを表すダミー変数を入れて，回帰式を求めよ．その後，残差を検討し，「回帰式を用いてよいかどうか」を検討せよ.

問 4.3 以上を整理して，今後とるべきアクションを述べよ.

◇② 標準解答解説編

問1　表5.1のデータは一部であるため，全体のデータを参照し，「A，Bそれぞれの測定を何回ずつ行っているドリルが，それぞれ何台あるのか」がわかるように(例えば，Aを2回，Bを2回測定しているドリルが30台など)，まとめて考察せよ.

測定回数をまとめたところ，以下の**表5.4**に示すとおりとなった．装置全体で見れば，先端部A，Bにおける調整は，x座標とy座標ともに4回以上となることはなく，先端部Aにおけるx座標の調整について3回目を実施した例が2回あるだけで，それ以外の48台の調整は，最低限の2回ずつで完了していることがわかった.

表5.4　測定回数まとめ

	B2回	B3回	計
A2回	48	0	48
A3回	2	0	2
計	50	0	50

【得られる情報】

ここから，それぞれの先端部A，Bにおける調整は1回でうまくいっており，再調整が必要になることは｛ 多い ，(少ない)｝ことがわかる．したがって，先端部A，Bの調整は [1] 回のみで完了し，調整がうまくいったかどうかの確認をするための [2] 回目の調整については，工程を削減することができる可能性が｛(ある)，ない｝といえる．これらを調査するためには，調査回数ではなく，良否判定基準のC_{pk}の分布について詳細に調べることとする.

問 2.1　先端部 A,B における初回の測定にもとづく調整前の x 座標における値の C_{pk} について，全体のヒストグラムを作成せよ．また，このとき，「C_{pk} は正規分布に従う」として考察せよ．

【得られる情報】

初回の測定にもとづき算出した「x 座標の C_{pk} についての全体のヒストグラム」を図 5.3 に示す[3]．そこから以下の情報が得られる．

- 分布の形は［正規分布形］のようである．
- 中心の位置は，平均値 $\overline{C_{pk}}$＝［1.317］となっており，規格の 1.2 よりも｛(大きい)，小さい｝．
- ばらつきは，標準偏差で［0.62］であり，｛(大きい)，小さい｝といえる．
- 規格を下回るのは［43］個存在する[4]．

問 2.2　初回の測定にもとづく y 座標についての C_{pk} について，全体のヒストグラムを作成し，考察せよ．データは【問 1】で使用した「全体のデータ」に含まれており，表 5.2 の形式である．ここで，「A1x　C_{pk}」とは，先端部 A における初回の測定にもとづく x 座標の C_{pk} を表す．

【得られる情報】

初回の測定にもとづき算出した「y 座標の C_{pk} についての全体のヒストグラム」を図 5.4 に示す．そこから以下の情報が得られる．

- 分布の形は［高原形］のようである．
- 中心の位置は，平均値 $\overline{C_{pk}}$＝［1.403］となっており，規格の 1.2 よりも｛(大きい)，小さい｝．
- ばらつきは，標準偏差で［0.62］であり，｛(大きい)，小さい｝といえ

3）　前掲書，pp.30～34 を参照．
4）　前掲書，pp.37～40 を参照．

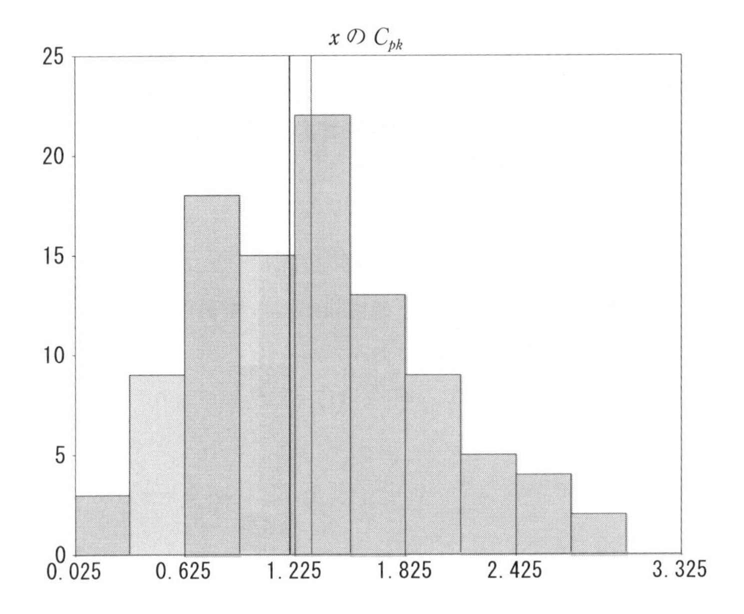

変数番号	1
データ数	100
最小値	0.08
最大値	2.86
平均値	1.317
標準偏差	0.6125
ひずみ	0.421
とがり	-0.157
上限規格値	—
下限規格値	1.20
C_p	0.063
C_{pk}	—
規格外データ数	43

図 5.3　x 座標の C_{pk}についての全体のヒストグラム

る．

- 規格を下回るのは 41 個存在する．

以上より，調整パラメータを求めずに算出した x,y 座標の C_{pk}については，

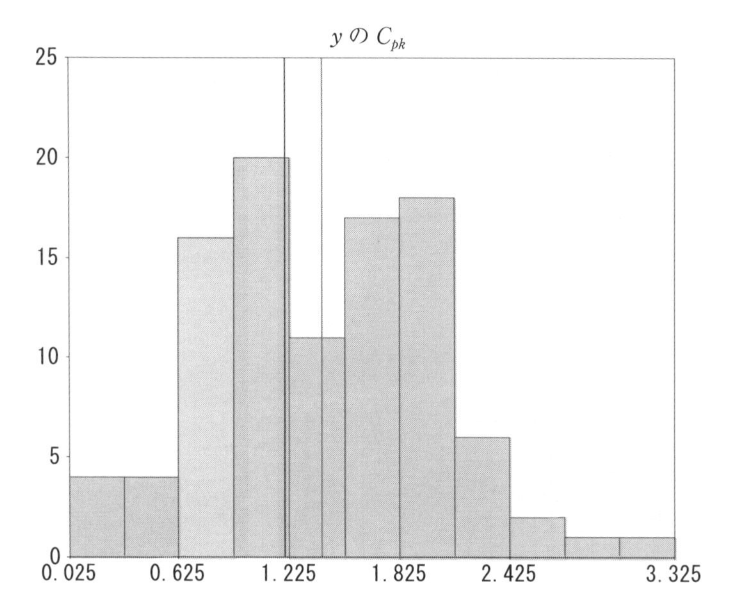

変数番号	1
データ数	100
最小値	0.03
最大値	3.07
平均値	1.403
標準偏差	0.6151
ひずみ	0.022
とがり	-0.263
上限規格値	—
下限規格値	1.20
C_p	0.110
C_{pk}	—
規格外データ数	41

図 5.4 y 座標の C_{pk} についての全体のヒストグラム

平均値では規格を｛（満足している），満足していない｝が，40 個程度は規格を｛ 上回る，（下回る）｝データが含まれている(**図 5.5**).

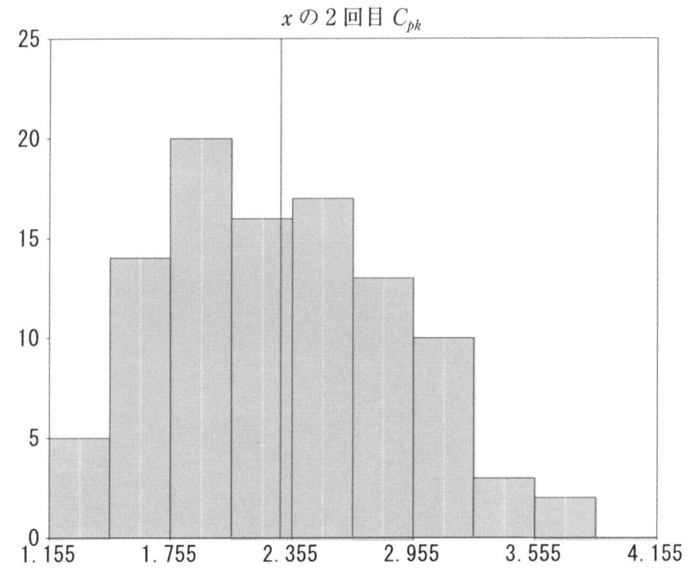

変数番号	1
データ数	100
最小値	1.16
最大値	3.63
平均値	2.298
標準偏差	0.5780
ひずみ	0.291
とがり	-0.626

図 5.5　調整パラメータ適用後の x 座標の C_{pk}

問 2.3　2回目の測定にもとづく x 座標および y 座標の C_{pk} について，全体のヒストグラムを作成し，それについて考察せよ．

初回の結果にもとづいて算出した調整パラメータを適用して2回目の測定データで計算した C_{pk} について，「x 座標の C_{pk} のヒストグラム」を**図 5.5** に，「y 座標の C_{pk} のヒストグラム」を**図 5.6** に示す．

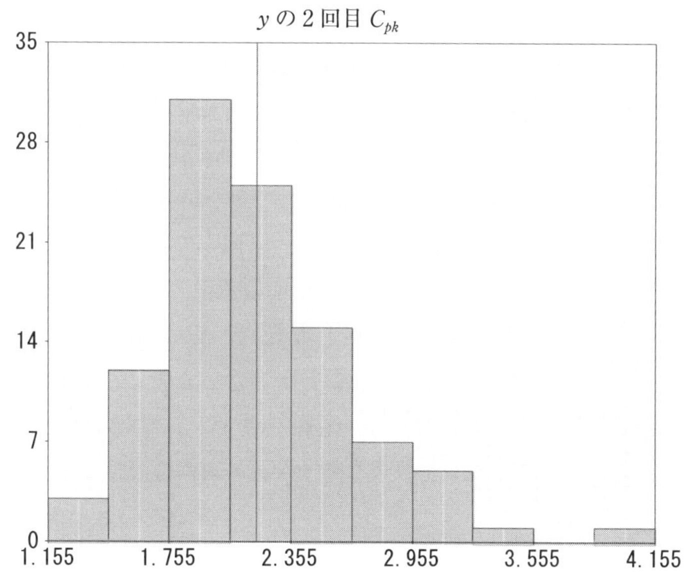

変数番号	1
データ数	100
最小値	1.31
最大値	4.09
平均値	2.185
標準偏差	0.4746
ひずみ	0.957
とがり	1.789

図 5.6 調整パラメータ適用後のy座標のC_{pk}

【得られる情報】

図 5.5 より，一部のドリルについては，規格を満たしていないものもあるが，おおむね良好であることがわかる．分布は［高原形］に見える．中心位置やばらつきの問題は｛（ない），ある｝ように見える．

図 5.6 より，分布は［右］に裾を引いているように見える．すべてのドリルについて規格を満たしていることがわかる．一方で，中心位置はx座標のC_{pk}のほうが｛（高め），低め｝にある．

【まとめ】

図5.3～**図5.6**までで，調整パラメータの適用なしに求めたC_{pk}についてはx座標，y座標ともに低くなっており，調整をすべてなくすことは難しいことがわかった．さらに，調整パラメータ適用後については，ほとんどのC_{pk}について｛(規格を満たしている)，規格を満たしていない｝ことがわかる．しかし，X座標のいくつかについては，規格を｛(下回って)，上回って｝おり，全体としても，平均値で［2.3］あるが，標準偏差が［0.58］であり，1.2を超えないものが｛(ある)，ない｝ことが想定される．能力が｛(不足している)，不足していない｝ことがわかったため，2回目での確認を減らすことも現時点では｛(困難)，困難ではない｝である．先端部A，Bで層別したC_{pk}のヒストグラムも作成して，今後の方向性を検討する．

問2.4　先端部A,Bで層別した初回の測定にもとづく「x座標のC_{pk}のヒストグラム」を作成せよ．

【得られる情報】

「先端部A,Bで層別したx座標のC_{pk}のヒストグラム」を**図5.7**に示す．

図5.7より，先端部｛A，(B)｝のほうが分布の中心位置では良好な状態にあるといえる．しかし，ばらつきについては先端部｛A，(B)｝のほうが大きくなっているように見える．規格を満たさない個数については大差が｛ある，(ない)｝ようである．

問2.5　初回の測定にもとづくy座標のC_{pk}についても，「先端部A，Bで層別したヒストグラム」を作成せよ．

【得られる情報】

「先端部A,Bで層別したy座標のC_{pk}のヒストグラム」を**図5.8**に示す．

図5.8においても**図5.7**と同様に，先端部｛A，(B)｝のほうが分布の中

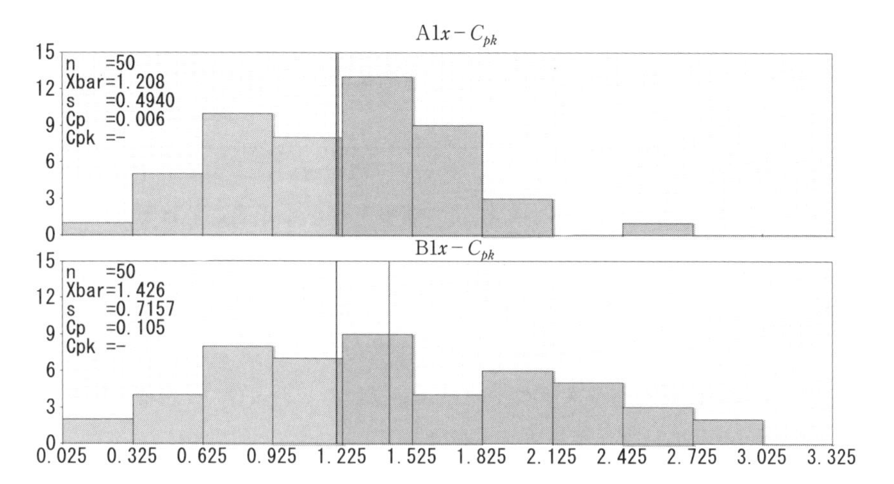

図 5.7 先端部で層別した x 座標の C_{pk}のヒストグラム

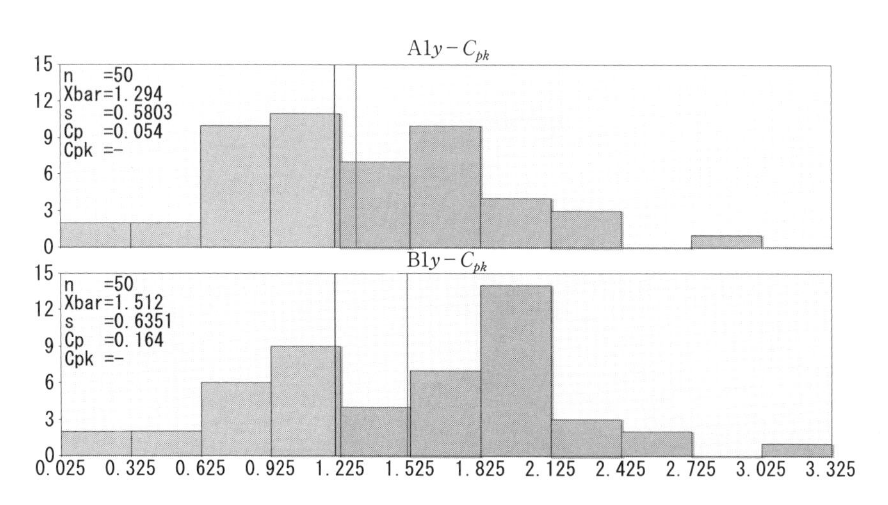

図 5.8 先端部で層別した x 座標の C_{pk}のヒストグラム

心位置では良好な状態にあるといえる．ばらつきについては同程度に見える．また，規格を満たさない個数についても先端部 A,B で大きな違いが｛(ある)，ない｝ようである．

問2.6　以上にもとづき，分布の形や規格外れの状況を考察して，「2回目の測定を廃止することが可能かどうか」を考えよ．

［解答例］　以上より，先端部A,Bやx,y座標の違いによって若干の違いはあるが，先端部A,Bにおいて初回の調整工程をなくすことは難しいと思われる．

問3.1　「x座標の調整パラメータ$\bar{x}$のヒストグラム」および「y座標の調整パラメータ$\bar{y}$のヒストグラム」を作成せよ．

【得られる情報】

「x座標の調整パラメータのヒストグラム」を図5.9に示す．

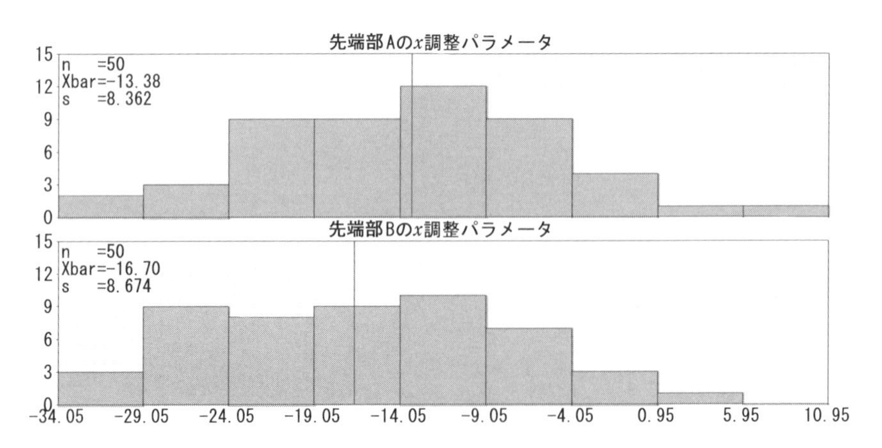

図5.9　先端部で層別したx座標の調整パラメータのヒストグラム

図5.9より，先端部A，Bともに｛（マイナス），プラス｝方向にシフトしていることがわかる．それぞれ，全体として中心位置は－［13.38］μm，－［16.70］μmとなっている．

図 5.3 では，C_{pk}について考察していたが，以下で表される値である[5]．

$$C_{pk}=\frac{|S_N-\bar{x}|}{3s}$$

（s：標準偏差　S_N：上限規格と下限規格のうち，平均値$\bar{x}$に近いほう）

ここで，C_{pk}は「平均値（ここでは調整パラメータのことを指す）と規格の位置関係が適切かどうか」を分子の大きさで評価し，余裕があれば大きな値となる．分母は，ばらつきに対する評価を行っている．すなわち，調整パラメータが規格に近くても悪い評価となり，ばらつきが大きくても悪い評価となる．「どちらの悪さが現れているのか」を特定したほうが，工程の削減を検討するうえでは簡単である．

そこで，調整パラメータとばらつきの大きさを分けて考えることにした．その結果，調整パラメータの中心位置は，**図 5.9** に示すように［13.38］μm，－［16.70］μm となっており，0 とは異なると思われる．

問 3.2　「*x* 座標の調整パラメータの中心が 0 となっているか」を検定せよ．

【得られる情報】

「先端部 A での x 調整パラメータが正規分布に従う」と仮定して，50 台のデータをもとに「調整パラメータの母平均μが 0 になっているかどうか」を検定する[6]．

手順 1　仮説の設定

H_0：［$\mu=0$］

H_1：［$\mu\neq0$］

5）　前掲書，p.44 を参照．
6）　前掲書，pp.131～133 を参照．

手順2　有意水準 α の設定

$\alpha = 0.05$

手順3　棄却域 R の設定

$R: |t_0| \geq t(49,\ 0.05) = \boxed{2.010}$

手順4　検定統計量の計算

$$t_0 = \frac{-13.38 - 0}{\sqrt{8.362^2/50}} = \boxed{-11.311}$$

手順5　判定

以上より，先端部Aの x 調整パラメータの母平均は0では { ある ，(ない) } といえる．

したがって，x 座標については，調整パラメータを算出する代わりにすべてのドリルについて $-\boxed{13.38}$ μm，$-\boxed{16.70}$ μm シフトさせることで，調整工程を先端部A，Bについて省略することができる可能性がある．一方で，**図**

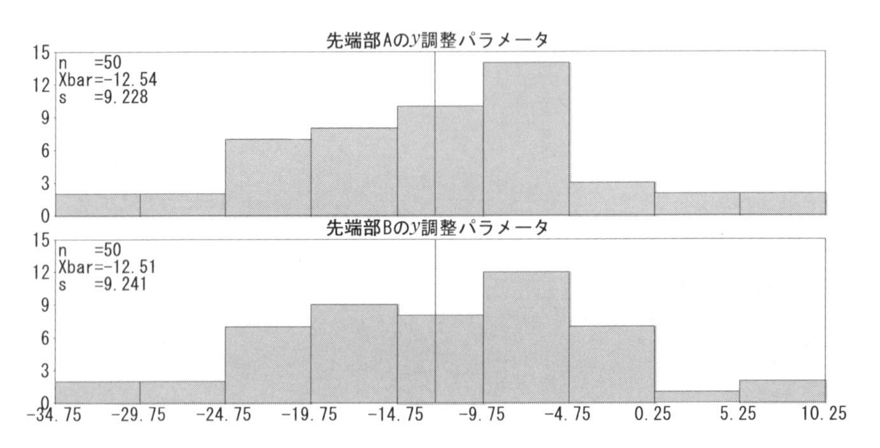

図5.10　先端部で層別した y 座標の調整パラメータのヒストグラム

5.9 より調整パラメータの標準偏差はそれぞれ [8] 程度となっている.

「y 座標の調整パラメータのヒストグラム」については，先端部 A，B ともに正規分布に見えるが詳しいことはよくわからない．中心位置は先端部 A，先端部 B で｛(一致して)，異なって｝おり，ばらつきの大きさも｛(変わらない)，変わっている｝ように見える．一方で，**図 5.10** より調整パラメータの標準偏差はそれぞれ [9] 程度となっている．x 調整パラメータについてと同様に，調整パラメータをそれぞれ −[12.51] μm，−[12.54] μm シフトさせることで，調整工程を先端部 A，B について省略することができる可能性がある.

問 3.3　以上の分析にもとづき，50 台の調整パラメータ $\bar{x}$，$\bar{y}$ の平均をすべてのドリルにあらかじめ設定したとして，x，y 座標をシフトさせた調整パラメータにもとづいて新たに工程能力指数 C_{pk}を計算し，C'_{pk}として求めよ．また，新たに求めたC'_{pk}のヒストグラムを作成し，「1.2 を超えて十分規格を満たしているかどうか」を検討せよ.

【得られる情報】

以上より，調整パラメータのデフォルト値をそれぞれ −[16] ～ −[12] μm とすることで，C_{pk}の改善が見込まれる．なぜなら，調整パラメータの最小値はそれぞれ下限規格の −[35] μm となっており，これを中心近くに移動することができるからである．一方で，No.1 のドリルの x 調整パラメータは，もともと [8.3] であった.

【C_{pk}の計算】

このときの標準偏差 s が 5.80 であったため，工程能力指数は

$$C_{pk}=\frac{|S_N-\bar{x}|}{3s}=\frac{|35-8.30|}{3\times 5.80}=\boxed{1.53}$$

であった．ヒストグラムから求めた [13.38] を正の方向に移動させるとなる

と，21.68 となる．このとき，C'_{pk}は

$$C'_{pk}=\frac{|S_N-\bar{x}|}{3s}=\frac{|35-21.68|}{3\times5.80}=\boxed{0.76}$$

となり，全体調整前の 1.53 から 0.76 と悪化してしまうことがわかった．

【ヒストグラムの作成】

「50台すべてについて，仮にx座標を13.38シフトしたうえでのC'_{pk}を求めたヒストグラム」は**図5.11**となる．

図5.7で作成した「先端部A，Bで層別したx座標のC_{pk}のヒストグラム」と比較すると，全体的には値が｛(大きく)，小さく｝なっており，改善しているように見える．しかし，規格を下回るものも存在するため，調整パラメータを一律で 13.38 として検査すると，規格を満たさないものが｛(多く存在する)，あまり存在しない｝ことがわかった．また，先端部Aのy座標についても，先端部BのX, Y座標についても検討した結果，C_{pk}の改善は見られるものの，規格を満たさないものは存在｛(する)，しない｝ことがわかった．

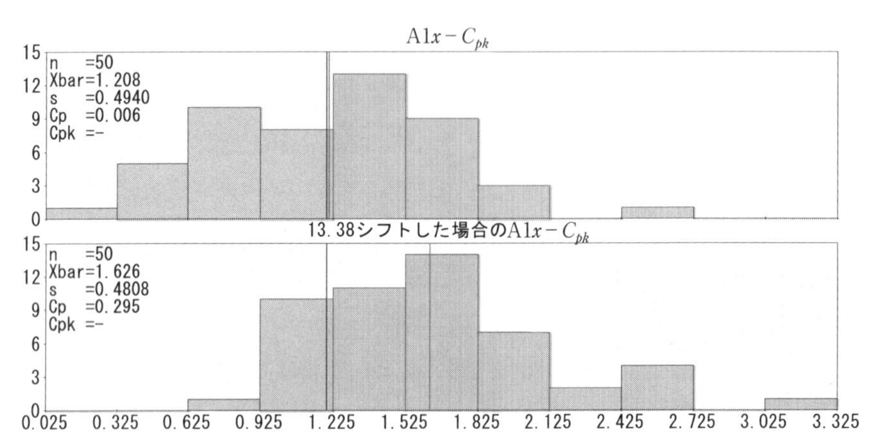

図5.11　先端部AのC_{pk}およびx座標の調整パラメータを13.38シフトしたxについてのC_{pk}のヒストグラム

以上の検討から，現時点で調整パラメータをそれぞれのドリルごとに求めずに規格を満たすことは｛ 困難だ ， 困難ではない ｝と思われる．

【まとめ】

【問 3.1】までの検討から，「調整工程を完全になくすことは難しい」と思われるため，「別の方法で工数を削減できないかどうか」を検討することにした．【問 3.2】では，「先端部 A,B のそれぞれの 2 回目の測定を廃止できないかどうか」を検討したところ，「廃止するのは難しい」と思われた．さらに，「測定せずに調整パラメータを求められないかどうか」を検討したところ，これも「同様に困難である」と思われた．

図 5.1 より，先端部 B の調整工程は，先端部 A の後に行っていることがわかる．すなわち，先端部 B の調整パラメータは，先端部 B を装着して測定を行ったデータにもとづいて求めているものの，先端部 A の調整パラメータから求めることができれば，測定をする必要はないといえる．

問 4.1 「先端部 B の $\bar{x}$ と $\bar{y}$ が先端部 A の調整パラメータから求められるかどうか」を検討するために，散布図を作成し，回帰式を求めよ．その後，残差を検討し，「回帰式を用いてよいかどうか」を検討せよ．

【得られる情報】

「先端部 B の調整パラメータを先端部 A の調整パラメータから求められないかどうか」を検討するため，4 種類の変量に対してそれぞれの変数間の散布図とヒストグラムを組み合わせた**図 5.12** を作成してみると，外れ値になっていそうな点が｛ 確認できる ， 確認できない ｝．また，相関係数で説明できないような曲線関係については，｛ 一部に見られる ， 特には見当たらない ｝．先端部 B の x 座標の調整パラメータは，先端部 A の x 座標の調整パラメータと｛ 強い正 ， 弱い正 ， 無 ， 弱い負 ， 強い負 ｝相関であり，先端部 A の y 座標については｛ 強い正 ， 弱い正 ， 無 ， 弱い負 ， 強い負 ｝の相関で

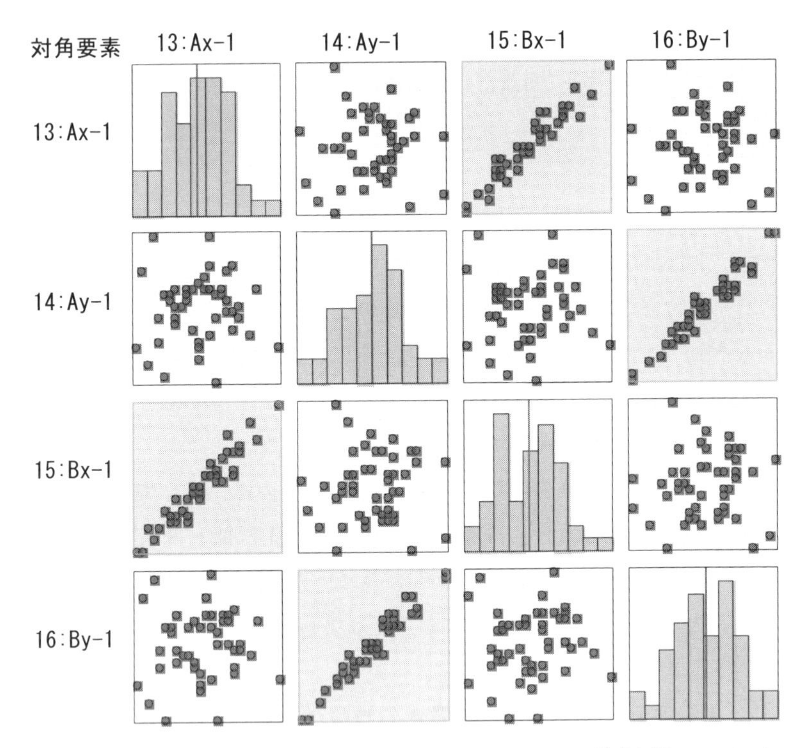

図 5.12　先端部 A,B の x 座標と y 座標の調整パラメータの散布図とヒストグラム

ある．さらに，先端部 B の y 座標の調整パラメータは，先端部 A の y 座標の調整パラメータと｛ (強い正) ，弱い正 ，無 ，弱い負 ，強い負 ｝の相関が見られる．

以上から，先端部｛ A ，(B) ｝の調整パラメータは先端部｛ (A) ，B ｝のパラメータを元に算出できる可能性があるため，回帰式を求めて検討する．

【回帰式の計算】

目的変数として先端部 B の x 座標の調整パラメータを y_x，y 座標の調整パラメータを y_y とする．説明変数として，先端部 A の x 座標の調整パラメータを x_x，y 座標の調整パラメータを x_y と置いて，それぞれに重回帰分析を行う[7)]．

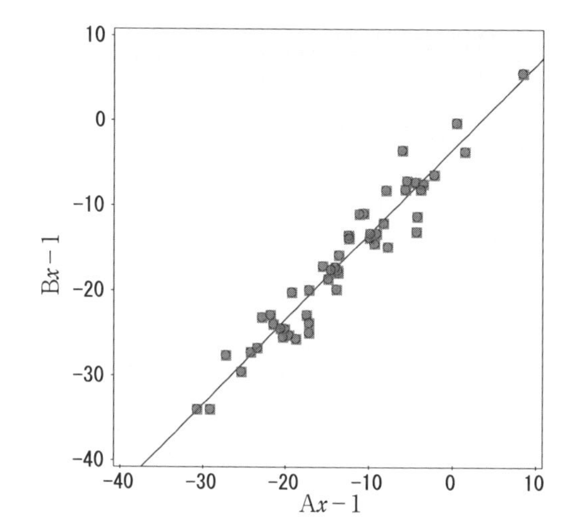

回帰式：$y_x = -3.314 + 1.001x_x$

項目	横軸	縦軸
変数番号	13	15
変数名	Ax-1	Bx-1
データ数	50	50
最小値	-30.8	-34.0
最大値	8.3	5.7
平均値	-13.38	-16.70
標準偏差	8.362	8.674
相関係数	0.965	
回帰定数	-3.314	
回帰係数１次	1.001	
t 置	25.348	
P 置(両側)	0.000	

図 5.13 y_x と x_x の散布図および回帰式

まずは，x 座標の調整パラメータを y_x について，変数増減法にもとづく重回帰分析をしたところ，x_x のみが採用され，$y_x =$ 1.001 $x_x -$ 3.314 となった．

7）棟近雅彦　監修，佐野雅隆　著：『実践的 SQC(統計的品質管理)入門講座 3　回帰分析』(日科技連出版社，2016 年)，p.101 を参照．

このときの「y_xとx_xの散布図」を**図5.13**に示す．

【残差の検討】

得られた回帰式にもとづき，残差の検討を行う．このときの「残差のヒストグラム」を**図5.14**に示す[8]．

図5.15の「残差の時系列プロット」から上昇傾向および下降傾向は｛見ら

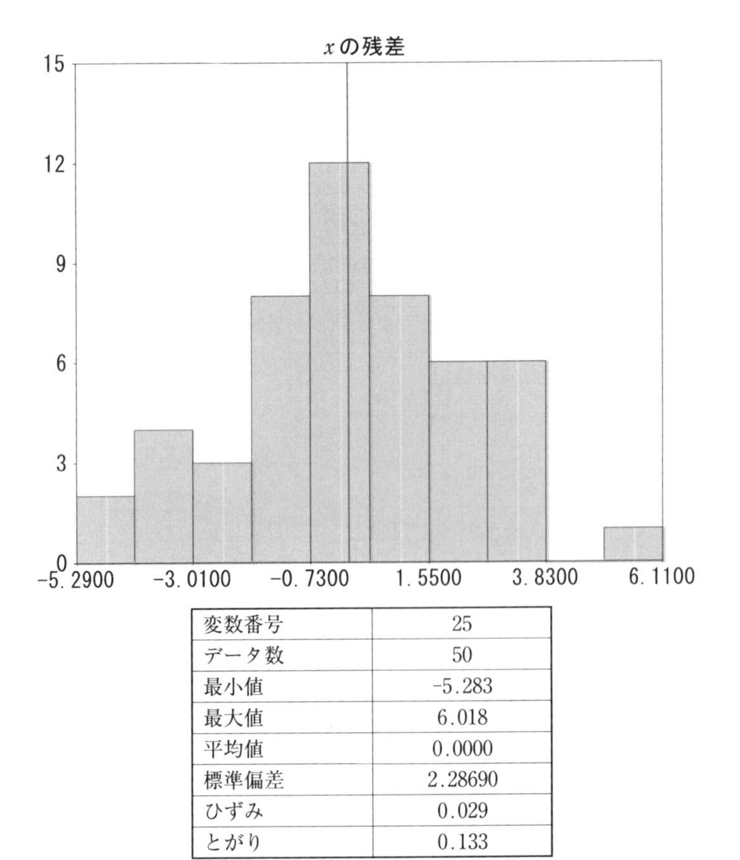

変数番号	25
データ数	50
最小値	-5.283
最大値	6.018
平均値	0.0000
標準偏差	2.28690
ひずみ	0.029
とがり	0.133

図5.14　残差のヒストグラム

8）　前掲書，p.47を参照．

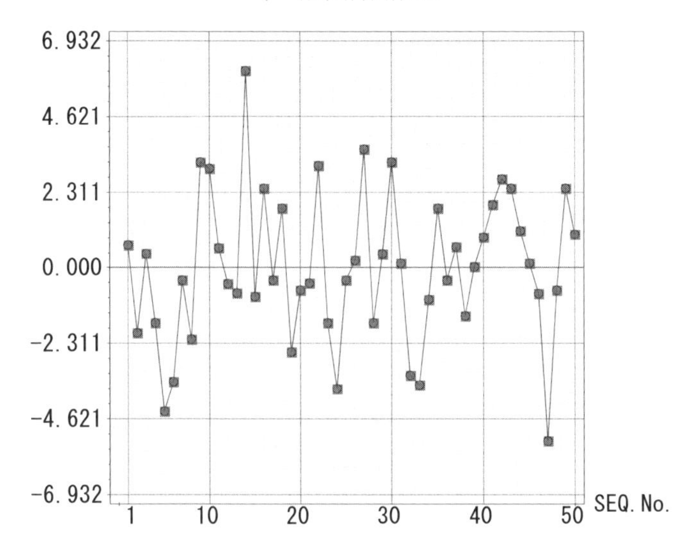

変数名	残差
データ数	50
最小値	-5.283
最大値	6.018
平均値	0.000
標準偏差	2.311
ダービン・ワトソン比	1.660

図 5.15 残差の時系列プロット

れる，見られない｝．また，外れ値の出方にもパターンがあると｛いえる，いえない｝．ダービン・ワトソン比は DW= 1.660 となり，2 に近いため前後の残差には相関が｛なさそう，ありそう｝である[9]．

以上より，先端部 B での x 調整パラメータは，先端部 A での x 調整パラメータから求められることがわかった．

9） 前掲書，p.49 を参照．

【回帰式の計算】

次に，y 座標の調整パラメータ y_yについて，変数増減法にもとづく重回帰分析をしたところ，x_yのみが採用され，y_y＝ 0.974 x_y－ 0.297 となった．

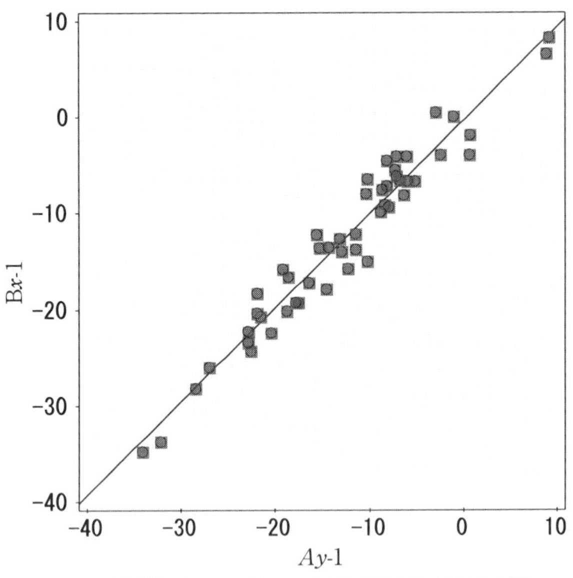

項目	横軸	縦軸
変数番号	14	16
変数名	Ay-1	By-1
データ数	50	50
最小値	-34.1	-34.7
最大値	9.1	8.3
平均値	-12.54	-12.51
標準偏差	9.228	9.241
相関係数	0.973	
回帰定数	-0.297	
回帰係数1次	0.974	
t 値	29.005	
P 値(両側)	0.000	

図5.16　y_yと x_yの散布図および回帰式

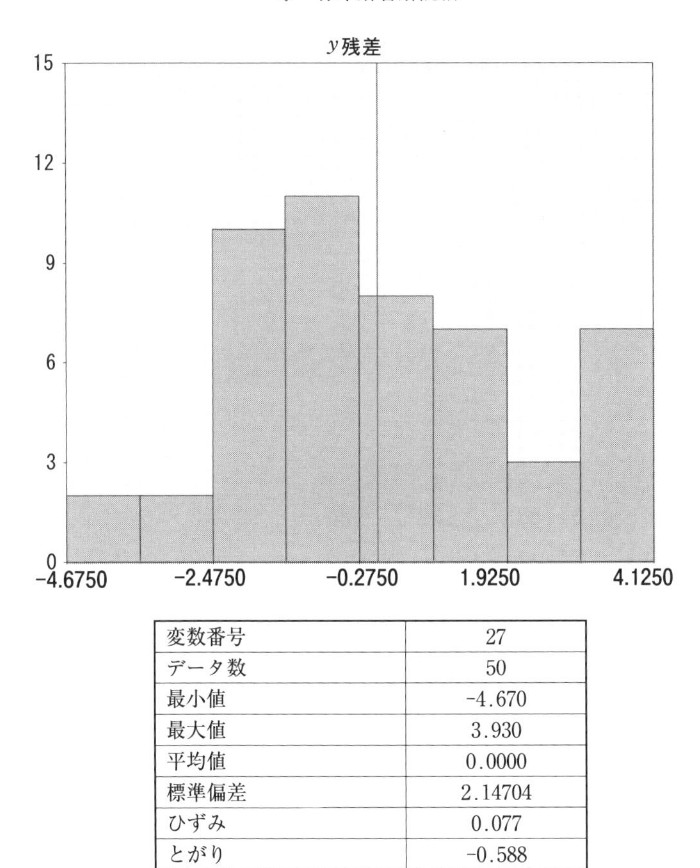

変数番号	27
データ数	50
最小値	-4.670
最大値	3.930
平均値	0.0000
標準偏差	2.14704
ひずみ	0.077
とがり	-0.588

図 5.17 残差のヒストグラム

このとき「y_yと x_yの散布図」を**図 5.16** に,「残差のヒストグラム」を**図 5.17** に,「残差の時系列プロット」を**図 5.18** に示す.

以上より,先端部 B の調整パラメータ y_x, y_yは,それぞれ先端部 A の調整パラメータから求められることがわかった.

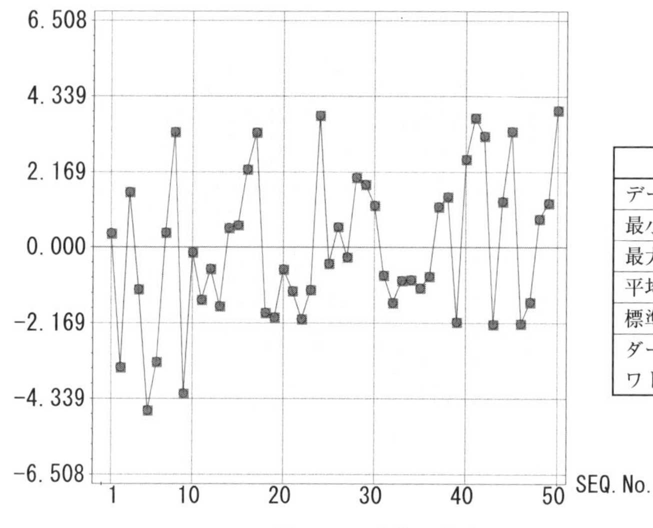

項目	残差
データ数	50
最小値	-4.670
最大値	3.930
平均値	0.000
標準偏差	2.169
ダービン・ワトソン比	1.702

図 5.18　残差の時系列プロット

問 4.2　先端部Bの$\bar{x}$と$\bar{y}$とを表すダミー変数を入れて，回帰式を求めよ．その後，残差を検討し，「回帰式を用いてよいかどうか」を検討せよ．

【ダミー変数による方法】

上記では，x座標，y座標それぞれに回帰式を算出していた．そこで，X座標かY座標かを表す変数をダミー変数として導入し，以下で「1つの回帰式で書けるかどうか」を検討する．

【回帰式の計算】

先端部Bにおける調整パラメータをyとして目的変数として，Aにおける調整パラメータを説明変数xとすると，求める回帰式は以下のようになった[10]．

10)　前掲書，pp.115～116を参照．

$$y = 0.985\,x + \begin{cases} \boxed{0} & x\text{座標のとき} \\ \boxed{3.373} & y\text{座標のとき} \end{cases}$$

【得られる情報】

上記のときの「残差の時系列プロット」を**図5.19**に,「予測値と残差の散布図」を**図5.20**に,「先端部Aでの調整パラメータと残差の散布図」を**図5.21**に,「x座標,y座標での層別した残差のヒストグラム」を**図5.22**に示す.

図5.19の「残差の時系列プロット」から,上昇傾向および下降傾向が{(見られない),見られる}.また,外れ値の出方にもパターンがあるとは{(いえない),いえる}.ダービン・ワトソン比は,DW= 1.709 となり,2に近いため前後の残差には相関が{(なさそう),ありそう}である.

図5.20と**図5.21**より,特に傾向は見られないので,新たに説明変数を追加する必要はないように思われる.**図5.22**の残差のヒストグラムからも,特に

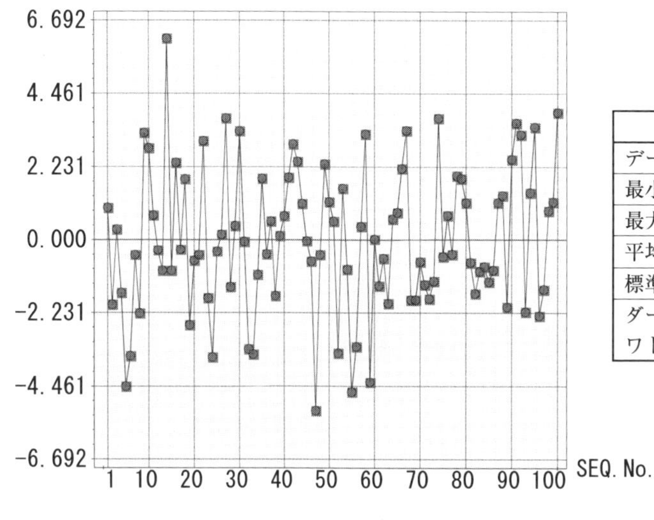

項目	残差
データ数	100
最小値	-5.213
最大値	6.142
平均値	0.000
標準偏差	2.231
ダービン・ワトソン比	1.709

図5.19 残差の時系列プロット

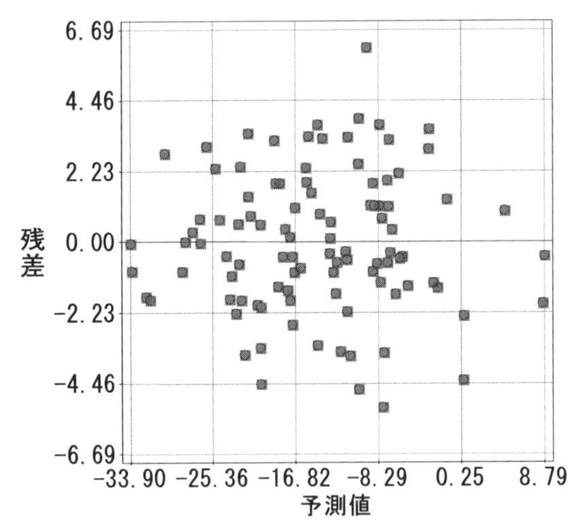

項目	予想値	残差
データ数	100	100
最小値	-33.898	-5.213
最大値	8.790	6.142
平均値	-14.60	0.0
標準偏差	8.887	2.231

図 5.20　予測値と残差の散布図

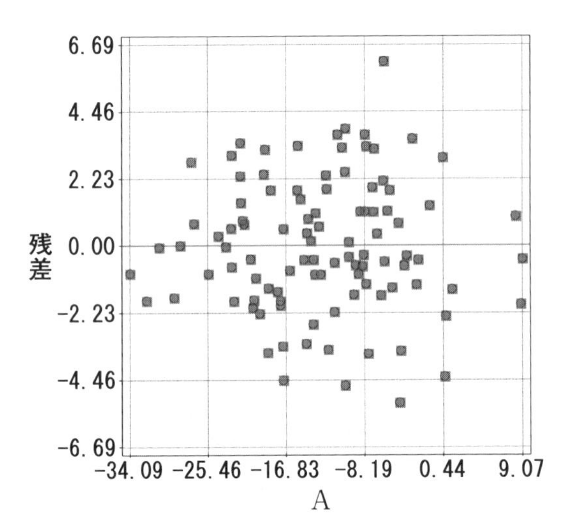

項目	A	残差
データ数	100	100
最小値	-34.090	-5.213
最大値	9.071	6.142
平均値	-12.955	0.0
標準偏差	8.77	2.231

図 5.21　先端部 A での調整パラメータと残差の散布図

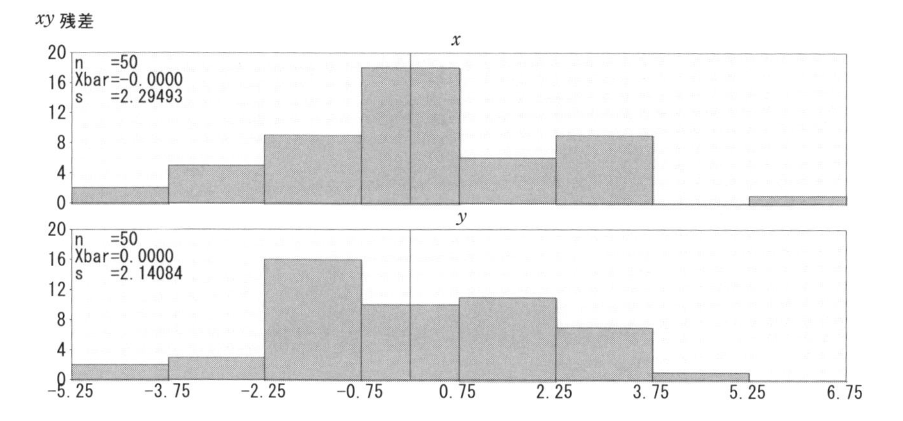

図 5.22 x 座標，y 座標での層別した残差のヒストグラム

問題は見られない．したがって，x,y それぞれに作成した回帰式およびダミー変数を用いた回帰式より，先端部Ａで用いたパラメータに対してＢでは，ほぼそのまま用いてよいことがわかる．ダミー変数を用いた回帰式では，X 座標の調整パラメータについては 3 程度のシフトが起こっている．Y 座標については，このシフトは発生していないため，先端部の変更が X 座標にのみ影響する要因を整理し，検討する必要がある．

問 4.3　以上を整理して，今後とるべきアクションを述べよ．

【得られる情報】

回帰分析の結果から，X 座標のシフトを除けば，先端部Ｂの調整パラメータは先端部Ａのそれをそのまま用いることが｛（できる），できない｝ように見える．先端部Ｂに関する調整工程を新たに設けたのだとすると，「そのときに何を検討したのか」を調査し，「その時点での傾向およびシフトは把握できていたのか」について確認する．

ここでは，先端部Ａの調整パラメータにもとづき，「先端部Ｂの調整パラメータを予測した場合の工程能力指数の分布がどのようになるか」を確認する．次に，それぞれ別々の回帰式にもとづいた調整パラメータについてのC_{pk}を求める．このとき，回帰式の残差を用いて，以下のようになる．

$$C_{pk}=\frac{|S_N-e|}{3s}$$

【得られる情報】

「X座標，Y座標で層別したC_{pk}のヒストグラム」を**図5.23**に示す．

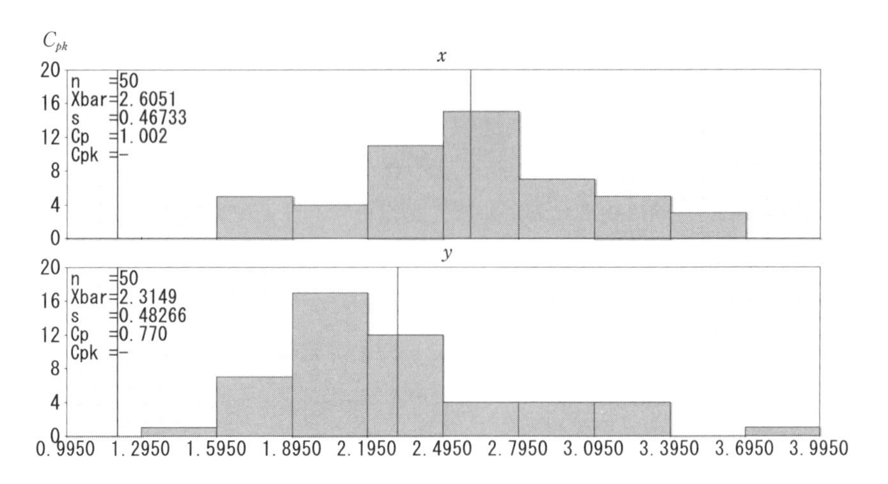

図5.23　層別したC_{pk}のヒストグラム

以上より，**図5.23**から，{（規格を満たしている），規格を満たしていない}ことが確認でき，分布の形からも問題{ある，（ない）}ように見える．Y座標については，測定およびパラメータ算出と設定にもとづくC_{pk}の算出は削減可能である．

上記の検討は，これまでの製造データに対する検討のため，「今後の予測として今回の回帰式を用いることができるかどうか」はさらに検討が必要である．

■演習問題5のまとめ

(1) 問題解決の流れについて

工程の流れを図5.24に示す.

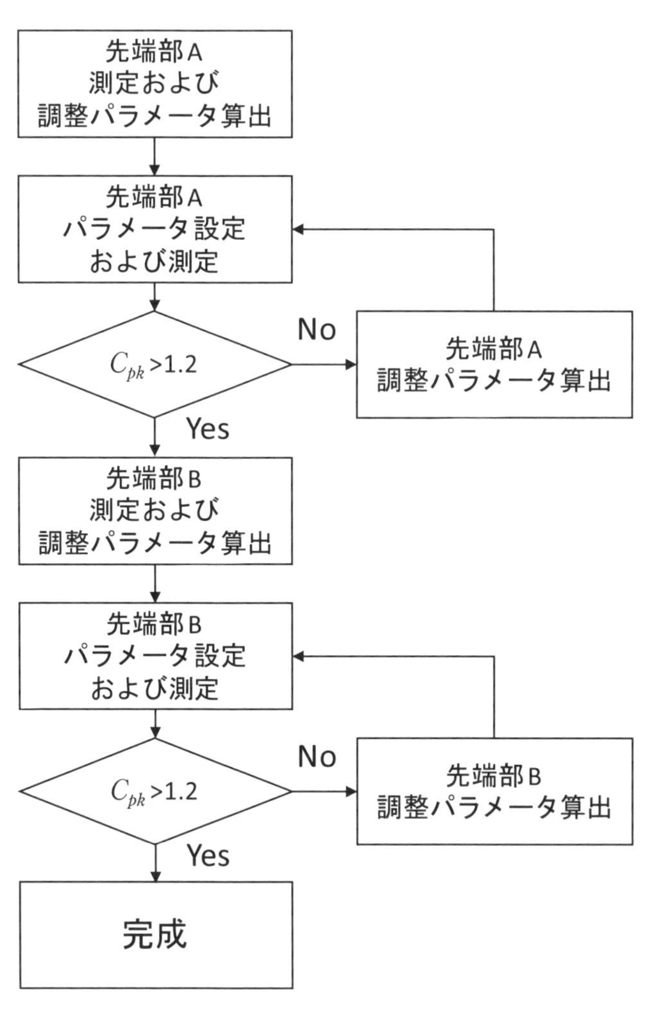

図5.24 工程の流れ

今回は，調整に関する工数を削減するため，まずは【問1】にて調整回数の全体像を把握した．その結果，**図5.24**における2箇所の判定で合格となるのは，先端部Aについて50台中2台のみ不合格であり，先端部Bについてはすべて合格となっていたことがわかった．ここからわかることは，それぞれの初回測定によって調整パラメータは精度よく求められており，設定後に測定したデータにもとづくC_{pk}の値がよいことが推測された．

調整パラメータを導入することなくC_{pk}を確保することができれば，これらの工程は不要である．そこで，【問2.1】～【問2.6】では，判定基準のC_{pk}ではなく，調整パラメータを算出するための初回測定のデータから求めたC_{pk}について，その分布を検討した．その結果，初回測定にもとづいて計算したC_{pk}は規格を満たさないものが多いことがわかった．さらに，調整パラメータを算出したうえで求めたC_{pk}の分布については，おおむね良好であるが，規格を十分満たしているとはいえなかった．ここまでの検討から，調整パラメータを導入する必要があることがわかった．また，パラメータ算出後に確認のためC_{pk}を求めるための2回目の測定も削除困難であることがわかった．さらに，C_{pk}を先端部A，Bで層別したところ，先端部Bのほうが中心位置は良好であるが，ばらつきも大きくなっており，両者の不良の出方は大差ないことがわかったため，先端部AまたはBの工程を簡略化することも困難であった．

次に，調整パラメータを測定せずに定めることができれば，先端部A，Bにおいてこれらの測定は不要となる．【問3.1】～【問3.3】では，これまでの調整パラメータの分布を調査したところ，x，y座標ともに全体がマイナス方向になっていることがわかった．分布の中心を0にすることで，調整パラメータのデフォルト値を定めることができる．そこで，デフォルト値をすべてのドリルに適用して仮想的にC_{pk}を算出してみたところ，全体としては改善したが，すべてのドリルが規格を満たすことにはならなかった．C_{pk}は，上限と下限の規格のうち近いほうとの位置関係にもとづいて評価される値である．デフォルト値を入れることによって，分布の中心と規格の距離が短くなってしまいC_{pk}が悪くなるものがあった．すなわち，ドリルごとで調整パラメータを算出する必要があるように思われた．そこで，1台ごとに毎回の調整が必要かどうかを検討するためには，調整パラメータの分布を調査する必要がある．

工程削減の可能性として，先端部Bの調整パラメータを先端部Aの結果にもとづいて算出することができれば，工程の後半部分を省略することができる．【問4.1】～【問4.3】では，先端部Bの調整パラメータを目的変数として回帰分析をしたところ，先端部Bの x 座標は先端部Aの x 座標にもとづいて算出できそうであることがわかった．同様に，先端部Bの y 座標は先端部Aの y 座標から算出できそうであった．両回帰式の比較から，それぞれの座標をほぼそのまま適用可能であることがわかったが，x 座標と y 座標に関する回帰式では，傾きがほぼ同じであるのに対して，切片に違いがあることがわかった．

そこで，x，y 座標のどちらかを表すダミー変数を導入して回帰式を算出したところ，1つの式で求めることも可能であることがわかった．こうして求めた先端部Bの調整パラメータにもとづき，【問3.1】～【問3.3】と同様に仮想的に C_{pk} を求めたところ，規格を十分満たすことが予想された．したがって，先端部Bに関する2回の測定については，削減の可能性があることがわかった．つまり，1台のドリル当たり4回の測定で2時間かかっていた工程を1時間に短縮できる．

今後の方針としては，先端部Aに関する2回目の測定を削減できないかを検討したい．例えば，今回は測定データに対して1つの調整パラメータのみを求めて調整していた．16箇所の測定データに対して，その位置関係を詳細に分析し，位置ずれの傾向を見つけることができれば，複数の調整パラメータを導入することで精度を上げることができるかもしれない．または，先端部AとBについて，X, Y 座標の違いが回帰式の切片の違いとして現れていることも，位置決めのメカニズムを考慮するうえで役立つかもしれない．

例えば，先端部Aと先端部Bはドリルの径や重さが異なっているとすると，X 座標の位置決めに対して Y 座標の位置決めがある一定量異なっていることから，「モータや停止機構が X 軸 Y 軸でどのように異なるのか」を検討することで解決できるかもしれない．

さらに，先端部Aでの調整パラメータの精度向上を図るために測定箇所を増やすことも考えられる．1回当たりの工数は増えるが，2回の測定を不要にすることで全体の効率化につなげられる可能性がある．

(2)　サンプルにもとづく工程能力指数を規格にすることについて

ここまで工程能力指数については，真の値がわかっているかのように記述を進めてきた．しかし，ここで求めている工程能力指数は，あくまでも16個の測定データにもとづいて求めた工程能力指数である．すなわち，真の値 C_{pk} に対して，推定値 $\widehat{C}_{pk}$ を求めていると書くほうが正確である．永田・棟近(2011)では，これを標本工程能力指数とよんでいる．

真の工程能力指数がわかれば，対応する不良率を計算することができる．例えば，両側規格が存在するときの $C_p=1.00$ であるとき，その不良率は0.0273%である．一般に，$C_p>1.33$ であれば，「工程能力が十分である」という評価をするが，$C_p=1.33$ のときの不良率は0.0063%である．また，$C_{pk}=1.33$ ということは，不良率は最大でも0.0063%であり，その半分以上である．しかし，真の工程能力指数はわからないので，標本にもとづいて点推定を行っている．点推定の値は，真値とは異なりばらつきをもつ．今回はそれぞれの機械について，C_{pk} が1.2を上回ったときに規格を満たすとして評価しているが，これがすなわち真値 $C_{pk}=1.2$ と同等であるとはいえない(不良率が最大となる $C_p=C_{pk}=1.2$ のとき，μ と規格は $3\times1.2\sigma=3.6\sigma$ 離れていることになる)．

C_{pk} の両側信頼区間を求める式は，永田・棟近(2011)により，以下の式で求めることが知られている．このとき $z_{\alpha/2}$ は，標準正規分布 $N(0,1^2)$ の上側 $100\times\frac{\alpha}{2}$% 点を表す．$\alpha=0.05$ のとき，$z_{\alpha/2}=1.960$ である．

$$\widehat{C}_{pk}-z_{\alpha/2}\sqrt{\frac{\widehat{C}_{pk}^2}{2(n-1)}+\frac{1}{9n}},\ \widehat{C}_{pk}+z_{\alpha/2}\sqrt{\frac{\widehat{C}_{pk}^2}{2(n-1)}+\frac{1}{9n}}$$

ドリル1の先端部Aの1回目調整における x 座標の $\widehat{C}_{pk}$ は，1.53であった．

C_{pk}の両側信頼区間は，以下のようになる．

$$\begin{aligned}
&\hat{C}_{pk} \pm z_{\alpha/2}\sqrt{\frac{\hat{C}_{pk}^2}{2(n-1)}+\frac{1}{9n}} \\
&=1.53 \pm 1.960\sqrt{\frac{1.53^2}{2\times 15}+\frac{1}{9\times 16}} \\
&=1.53 \pm 0.57 \\
&=0.96\,,\ 2.10
\end{aligned}$$

1 台当たり 16 個のデータにもとづいており，信頼区間の幅は非常に広くなっている．仮に n=256 で同じ$\hat{C}_{pk}$が得られたとすると，以下のようになり，狭くなることがわかる．

$$\begin{aligned}
&\hat{C}_{pk} \pm z_{\alpha/2}\sqrt{\frac{\hat{C}_{pk}^2}{2(n-1)}+\frac{1}{9n}} \\
&=1.53 \pm 1.960\sqrt{\frac{1.53^2}{2\times 255}+\frac{1}{9\times 256}} \\
&=1.53 \pm 0.14 \\
&=1.39\,,\ 1.67
\end{aligned}$$

付　　　表

出　典

森口繁一，日科技連数値表委員会(代表：久米均)編：『新編 日科技連数値表—第 2 版—』(日科技連出版社，2009 年)から許可を得て転載.

付表1　$\overline{X}-R$ 管理図用係数表

（3シグマ法による$\overline{X}$-R管理図の管理線を計算するための係数を求める表）

サンプルの大きさ n	$\overline{X}$ の管理図			R の管理図						
	$\sqrt{n}$	A	A_2	d_2	$1/d_2$	d_3	D_1	D_2	D_3	D_4
2	1·414	2·121	1·880	1·128	·8862	0·853	——	3·686	——	3·267
3	1·732	1·732	1·023	1·693	·5908	0·888	——	4·358	——	2·575
4	2·000	1·500	0·729	2·059	·4857	0·880	——	4·698	——	2·282
5	2·236	1·342	0·577	2·326	·4299	0·864	——	4·918	——	2·114
6	2·449	1·225	0·483	2·534	·3946	0·848	——	5·079	——	2·004
7	2·646	1·134	0·419	2·704	·3698	0·833	0·205	5·204	0·076	1·924
8	2·828	1·061	0·373	2·847	·3512	0·820	0·388	5·307	0·136	1·864
9	3·000	1·000	0·337	2·970	·3367	0·808	0·547	5·394	0·184	1·816
10	3·162	0·949	0·308	3·078	·3249	0·797	0·686	5·469	0·223	1·777

注　D_1、D_3の欄の——は，R の下方管理限界を考えないことを示す.

例1.　$n=5$，$\mu'=30$，$\sigma'=10$ のとき，$\overline{X}$ の管理限界は$\mu'\pm A\sigma'=30\pm1{\cdot}342\times10=43{\cdot}42, 16{\cdot}58$；$R$ の中心線は $d_2\sigma'=23{\cdot}26$．R の上方管理限界は $D_2\sigma'=49{\cdot}18$．下方管理限界は $D_1\sigma'=$—— （考えない).

例2.　$n=4$，$\overline{\overline{X}}=49{\cdot}48$，$\overline{R}=19{\cdot}28$ のとき，$\overline{X}$ の管理限界は$\overline{\overline{X}}\pm A_2\overline{R}=49{\cdot}48\pm0{\cdot}729\times19{\cdot}28=49{\cdot}48\pm14{\cdot}06=63{\cdot}54$，$35{\cdot}42$；$R$ の中心線は $\overline{R}=19{\cdot}28$，上方管理限界は $D_4\overline{R}=2{\cdot}282\times19{\cdot}28=44{\cdot}00$，下方管理限界は $D_3\overline{R}=$——(考えない)．工程が安定しているとき，分布が対称ならば，X はだいたい $\overline{\overline{X}}\pm\sqrt{n}\,A_2\overline{R}=49{\cdot}48\pm2{\cdot}000\times14{\cdot}06=77{\cdot}60$，$21{\cdot}36$ の間におさまる.

付表2　t 表

$t(\phi,\ P)$

（自由度 ϕ と両側確率 P とから t を求める表）

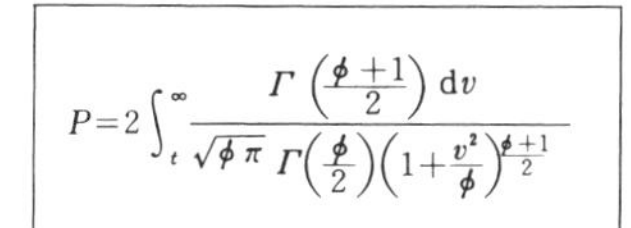

$$P=2\int_t^{\infty}\frac{\Gamma\left(\frac{\phi+1}{2}\right)\mathrm{d}v}{\sqrt{\phi\pi}\,\Gamma\left(\frac{\phi}{2}\right)\left(1+\frac{v^2}{\phi}\right)^{\frac{\phi+1}{2}}}$$

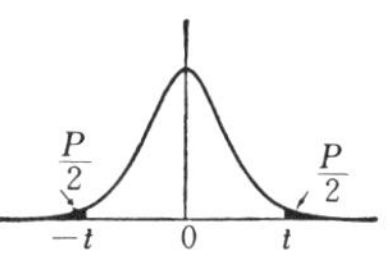

ϕ ＼ P	0·50	0·40	0·30	0·20	0·10	**0·05**	0·02	**0·01**	0·001	P ／ ϕ
1	1·000	1·376	1·963	3·078	6·314	**12·706**	31·821	**63·657**	636·619	1
2	0·816	1·061	1·386	1·886	2·920	**4·303**	6·965	**9·925**	31·599	2
3	0·765	0·978	1·250	1·638	2·353	**3·182**	4·541	**5·841**	12·924	3
4	0·741	0·941	1·190	1·533	2·132	**2·776**	3·747	**4·604**	8·610	4
5	0·727	0·920	1·156	1·476	2·015	**2·571**	3·365	**4·032**	6·869	5
6	0·718	0·906	1·134	1·440	1·943	**2·447**	3·143	**3·707**	5·959	6
7	0·711	0·896	1·119	1·415	1·895	**2·365**	2·998	**3·499**	5·408	7
8	0·706	0·889	1·108	1·397	1·860	**2·306**	2·896	**3·355**	5·041	8
9	0·703	0·883	1·100	1·383	1·833	**2·262**	2·821	**3·250**	4·781	9
10	0·700	0·879	1·093	1·372	1·812	**2·228**	2·764	**3·169**	4·587	10
11	0·697	0·876	1·088	1·363	1·796	**2·201**	2·718	**3·106**	4·437	11
12	0·695	0·873	1·083	1·356	1·782	**2·179**	2·681	**3·055**	4·318	12
13	0·694	0·870	1·079	1·350	1·771	**2·160**	2·650	**3·012**	4·221	13
14	0·692	0·868	1·076	1·345	1·761	**2·145**	2·624	**2·977**	4·140	14
15	0·691	0·866	1·074	1·341	1·753	**2·131**	2·602	**2·947**	4·073	15
16	0·690	0·865	1·071	1·337	1·746	**2·120**	2·583	**2·921**	4·015	16
17	0·689	0·863	1·069	1·333	1·740	**2·110**	2·567	**2·898**	3·965	17
18	0·688	0·862	1·067	1·330	1·734	**2·101**	2·552	**2·878**	3·922	18
19	0·688	0·861	1·066	1·328	1·729	**2·093**	2·539	**2·861**	3·883	19
20	0·687	0·860	1·064	1·325	1·725	**2·086**	2·528	**2·845**	3·850	20
21	0·686	0·859	1·063	1·323	1·721	**2·080**	2·518	**2·831**	3·819	21
22	0·686	0·858	1·061	1·321	1·717	**2·074**	2·508	**2·819**	3·792	22
23	0·685	0·858	1·060	1·319	1·714	**2·069**	2·500	**2·807**	3·768	23
24	0·685	0·857	1·059	1·318	1·711	**2·064**	2·492	**2·797**	3·745	24
25	0·684	0·856	1·058	1·316	1·708	**2·060**	2·485	**2·787**	3·725	25
26	0·684	0·856	1·058	1·315	1·706	**2·056**	2·479	**2·779**	3·707	26
27	0·684	0·855	1·057	1·314	1·703	**2·052**	2·473	**2·771**	3·690	27
28	0·683	0·855	1·056	1·313	1·701	**2·048**	2·467	**2·763**	3·674	28
29	0·683	0·854	1·055	1·311	1·699	**2·045**	2·462	**2·756**	3·659	29
30	0·683	0·854	1·055	1·310	1·697	**2·042**	2·457	**2·750**	3·646	30
40	0·681	0·851	1·050	1·303	1·684	**2·021**	2·423	**2·704**	3·551	40
60	0·679	0·848	1·046	1·296	1·671	**2·000**	2·390	**2·660**	3·460	60
120	0·677	0·845	1·041	1·289	1·658	**1·980**	2·358	**2·617**	3·373	120
∞	0·674	0·842	1·036	1·282	1·645	**1·960**	2·326	**2·576**	3·291	∞

例　$\phi=10$，$P=0{\cdot}05$ に対する t の値は，2·228 である．これは自由度 10 の t 分布に従う確率変数が 2·228 以上の絶対値をもって出現する確率が 5％であることを示す．

注 1．$\phi>30$に対しては $120/\phi$を用いる 1 次補間が便利である．

注 2．表から読んだ値を，$t(\phi,\ P)$，$t_P(\phi)$，$t_\phi(P)$ などと記すことがある．

注 3．出版物によっては，$t(\phi,\ P)$の値を上側確率$P/2$ や，その下側確率$1-P/2$ で表現しているものもある

付表3 F 表（5％，1％）

$F(\phi_1, \phi_2 ; P)$

$P = \begin{cases} 0{\cdot}05 \cdots \text{細字} \\ \mathbf{0{\cdot}01} \cdots \textbf{太字} \end{cases}$

$$P = \int_F^{\infty} \frac{\phi_1^{\frac{\phi_1}{2}} \phi_2^{\frac{\phi_2}{2}} X^{\frac{\phi_1}{2}-1} \, dX}{B\left(\frac{\phi_1}{2}, \frac{\phi_2}{2}\right)\left(\phi_1 X + \phi_2\right)^{\frac{\phi_1+\phi_2}{2}}}$$

（分子の自由度 ϕ_1，分母の自由度 ϕ_2 から，上側確率 5％および1％に対する F の値を求める表）（細字は5％，**太字は1％**）

ϕ_2 ＼ ϕ_1	1	2	3	4	5	6	7	8	9	10	12	15	20	24	30	40	60	120	∞	ϕ_1 ／ ϕ_2
1	161·	200·	216·	225·	230·	234·	237·	239·	241·	242·	244·	246·	248·	249·	250·	251·	252·	253·	254·	1
	4052·	**5000·**	**5403·**	**5625·**	**5764·**	**5859·**	**5928·**	**5981·**	**6022·**	**6056·**	**6106·**	**6157·**	**6209·**	**6235·**	**6261·**	**6287·**	**6313·**	**6339·**	**6366·**	
2	18·5	19·0	19·2	19·2	19·3	19·3	19·4	19·4	19·4	19·4	19·4	19·4	19·4	19·5	19·5	19·5	19·5	19·5	19·5	2
	98·5	**99·0**	**99·2**	**99·2**	**99·3**	**99·3**	**99·4**	**99·4**	**99·4**	**99·4**	**99·4**	**99.4**	**99·4**	**99·5**	**99·5**	**99·5**	**99·5**	**99·5**	**99·5**	
3	10·1	9·55	9·28	9·12	9·01	8·94	8·89	8·85	8·81	8·79	8·74	8·70	8·66	8·64	8·62	8·59	8·57	8·55	8·53	3
	34·1	**30·8**	**29·5**	**28·7**	**28·2**	**27·9**	**27·7**	**27·5**	**27·3**	**27·2**	**27·1**	**26·9**	**26·7**	**26·6**	**26·5**	**26·4**	**26·3**	**26·2**	**26·1**	
4	7·71	6·94	6·59	6·39	6·26	6·16	6·09	6·04	6·00	5·96	5·91	5·86	5·80	5·77	5·75	5·72	5·69	5·66	5·63	4
	21·2	**18·0**	**16·7**	**16·0**	**15·5**	**15·2**	**15·0**	**14·8**	**14·7**	**14·5**	**14·4**	**14·2**	**14·0**	**13·9**	**13.8**	**13·7**	**13·7**	**13·6**	**13·5**	
5	6·61	5·79	5·41	5·19	5·05	4·95	4·88	4·82	4·77	4·74	4·68	4·62	4·56	4·53	4·50	4·46	4·43	4·40	4·36	5
	16·3	**13·3**	**12·1**	**11·4**	**11·0**	**10·7**	**10·5**	**10·3**	**10·2**	**10·1**	**9·89**	**9·72**	**9·55**	**9·47**	**9·38**	**9·29**	**9·20**	**9·11**	**9·02**	
6	5·99	5·14	4·76	4·53	4·39	4·28	4·21	4·15	4·10	4·06	4·00	3·94	3·87	3·84	3·81	3·77	3·74	3·70	3·67	6
	13·7	**10·9**	**9·78**	**9·15**	**8·75**	**8·47**	**8·26**	**8·10**	**7·98**	**7·87**	**7·72**	**7·56**	**7·40**	**7·31**	**7·23**	**7·14**	**7·06**	**6·97**	**6·88**	
7	5·59	4·74	4·35	4·12	3·97	3·87	3·79	3·73	3·68	3·64	3·57	3·51	3·44	3·41	3·38	3·34	3·30	3·27	3·23	7
	12·2	**9·55**	**8·45**	**7·85**	**7·46**	**7·19**	**6·99**	**6·84**	**6·72**	**6·62**	**6·47**	**6·31**	**6·16**	**6·07**	**5·99**	**5·91**	**5·82**	**5·74**	**5·65**	
8	5·32	4·46	4·07	3·84	3·69	3·58	3·50	3·44	3·39	3·35	3·28	3·22	3·15	3·12	3·08	3·04	3·01	2·97	2·93	8
	11·3	**8·65**	**7·59**	**7·01**	**6·63**	**6·37**	**6·18**	**6·03**	**5·91**	**5·81**	**5·67**	**5·52**	**5·36**	**5·28**	**5·20**	**5·12**	**5·03**	**4·95**	**4·86**	
9	5·12	4·26	3·86	3·63	3·48	3·37	3·29	3·23	3·18	3·14	3·07	3·01	2·94	2·90	2·86	2·83	2·79	2·75	2·71	9
	10·6	**8·02**	**6·99**	**6·42**	**6·06**	**5·80**	**5·61**	**5·47**	**5·35**	**5·26**	**5·11**	**4·96**	**4·81**	**4·73**	**4·65**	**4·57**	**4·48**	**4·40**	**4·31**	
10	4·96	4·10	3·71	3·48	3·33	3·22	3·14	3·07	3·02	2·98	2·91	2·85	2·77	2·74	2·70	2·66	2·62	2·58	2·54	10
	10·0	**7·56**	**6·55**	**5·99**	**5·64**	**5·39**	**5·20**	**5·06**	**4·94**	**4·85**	**4·71**	**4·56**	**4·41**	**4·33**	**4·25**	**4·17**	**4·08**	**4·00**	**3·91**	
11	4·84	3·98	3·59	3·36	3·20	3·09	3·01	2·95	2·90	2·85	2·79	2·72	2·65	2·61	2·57	2·53	2·49	2·45	2·40	11
	9·65	**7·21**	**6·22**	**5·67**	**5·32**	**5·07**	**4·89**	**4·74**	**4·63**	**4·54**	**4·40**	**4·25**	**4·10**	**4·02**	**3·94**	**3·86**	**3·78**	**3·69**	**3·60**	
12	4·75	3·89	3·49	3·26	3·11	3·00	2·91	2·85	2·80	2·75	2·69	2·62	2·54	2·51	2·47	2·43	2·38	2·34	2·30	12
	9·33	**6·93**	**5·95**	**5·41**	**5·06**	**4·82**	**4·64**	**4·50**	**4·39**	**4·30**	**4·16**	**4·01**	**3·86**	**3·78**	**3·70**	**3·62**	**3·54**	**3·45**	**3·36**	
13	4·67	3·81	3·41	3·18	3·03	2·92	2·83	2·77	2·71	2·67	2·60	2·53	2·46	2·42	2·38	2·34	2·30	2·25	2·21	13
	9·07	**6·70**	**5·74**	**5·21**	**4·86**	**4·62**	**4·44**	**4·30**	**4·19**	**4·10**	**3·96**	**3·82**	**3·66**	**3·59**	**3·51**	**3·43**	**3·34**	**3·25**	**3·17**	
14	4·60	3·74	3·34	3·11	2·96	2·85	2·76	2·70	2·65	2·60	2·53	2·46	2·39	2·35	2·31	2·27	2·22	2·18	2·13	14
	8·86	**6·51**	**5·56**	**5·04**	**4·69**	**4·46**	**4·28**	**4·14**	**4·03**	**3·94**	**3·80**	**3·66**	**3·51**	**3·43**	**3·35**	**3·27**	**3·18**	**3·09**	**3·00**	
15	4·54	3·68	3·29	3·06	2·90	2·79	2·71	2·64	2·59	2·54	2·48	2·40	2·33	2·29	2·25	2·20	2·16	2·11	2·07	15
	8·68	**6·36**	**5·42**	**4·89**	**4·56**	**4·32**	**4·14**	**4·00**	**3·89**	**3·80**	**3·67**	**3·52**	**3·37**	**3·29**	**3·21**	**3·13**	**3·05**	**2·96**	**2·87**	

ϕ_2 \ ϕ_1	1	2	3	4	5	6	7	8	9	10	12	15	20	24	30	40	60	120	∞	ϕ_2
16	4·49	3·63	3·24	3·01	2·85	2·74	2·66	2·59	2·54	2·49	2·42	2·35	2·28	2·24	2·19	2·15	2·11	2·06	2·01	16
	8·53	**6·23**	**5·29**	**4·77**	**4·44**	**4·20**	**4·03**	**3·89**	**3·78**	**3·69**	**3·55**	**3·41**	**3·26**	**3·18**	**3·10**	**3·02**	**2·93**	**2·84**	**2·75**	
17	4·45	3·59	3·20	2·96	2·81	2·70	2·61	2·55	2·49	2·45	2·38	2·31	2·23	2·19	2·15	2·10	2·06	2·01	1·96	17
	8·40	**6·11**	**5·18**	**4·67**	**4·34**	**4·10**	**3·93**	**3·79**	**3·68**	**3·59**	**3·46**	**3·31**	**3·16**	**3·08**	**3·00**	**2·92**	**2·83**	**2·75**	**2·65**	
18	4·41	3·55	3·16	2·93	2·77	2·66	2·58	2·51	2·46	2·41	2·34	2·27	2·19	2·15	2·11	2·06	2·02	1·97	1·92	18
	8·29	**6·01**	**5·09**	**4·58**	**4·25**	**4·01**	**3·84**	**3·71**	**3·60**	**3·51**	**3·37**	**3·23**	**3·08**	**3·00**	**2·92**	**2·84**	**2·75**	**2·66**	**2·57**	
19	4·38	3·52	3·13	2·90	2·74	2·63	2·54	2·48	2·42	2·38	2·31	2·23	2·16	2·11	2·07	2·03	1·98	1·93	1·88	19
	8·18	**5·93**	**5·01**	**4·50**	**4·17**	**3·94**	**3·77**	**3·63**	**3·52**	**3·43**	**3·30**	**3·15**	**3·00**	**2·92**	**2·84**	**2·76**	**2·67**	**2·58**	**2·49**	
20	4·35	3·49	3·10	2·87	2·71	2·60	2·51	2·45	2·39	2·35	2·28	2·20	2·12	2·08	2·04	1·99	1·95	1·90	1·84	20
	8·10	**5·85**	**4·94**	**4·43**	**4·10**	**3·87**	**3·70**	**3·56**	**3·46**	**3·37**	**3·23**	**3·09**	**2·94**	**2·86**	**2·78**	**2·69**	**2·61**	**2·52**	**2·42**	
21	4·32	3·47	3·07	2·84	2·68	2·57	2·49	2·42	2·37	2·32	2·25	2·18	2·10	2·05	2·01	1·96	1·92	1·87	1·81	21
	8·02	**5·78**	**4·87**	**4·37**	**4·04**	**3·81**	**3·64**	**3·51**	**3·40**	**3·31**	**3·17**	**3·03**	**2·88**	**2·80**	**2·72**	**2·64**	**2·55**	**2·46**	**2·36**	
22	4·30	3·44	3·05	2·82	2·66	2·55	2·46	2·40	2·34	2·30	2·23	2·15	2·07	2·03	1·98	1·94	1·89	1·84	1·78	22
	7·95	**5·72**	**4·82**	**4·31**	**3·99**	**3·76**	**3·59**	**3·45**	**3·35**	**3·26**	**3·12**	**2·98**	**2·83**	**2·75**	**2·67**	**2·58**	**2·50**	**2·40**	**2·31**	
23	4·28	3·42	3·03	2·80	2·64	2·53	2·44	2·37	2·32	2·27	2·20	2·13	2·05	2·01	1·96	1·91	1·86	1·81	1·76	23
	7·88	**5·66**	**4·76**	**4·26**	**3·94**	**3·71**	**3·54**	**3·41**	**3·30**	**3·21**	**3·07**	**2·93**	**2·78**	**2·70**	**2·62**	**2·54**	**2·45**	**2·35**	**2·26**	
24	4·26	3·40	3·01	2·78	2·62	2·51	2·42	2·36	2·30	2·25	2·18	2·11	2·03	1·98	1·94	1·89	1·84	1·79	1·73	24
	7·82	**5·61**	**4·72**	**4·22**	**3·90**	**3·67**	**3·50**	**3·36**	**3·26**	**3·17**	**3·03**	**2·89**	**2·74**	**2·66**	**2·58**	**2·49**	**2·40**	**2·31**	**2·21**	
25	4·24	3·39	2·99	2·76	2·60	2·49	2·40	2·34	2·28	2·24	2·16	2·09	2·01	1·96	1·92	1·87	1·82	1·77	1·71	25
	7·77	**5·57**	**4·68**	**4·18**	**3·85**	**3·63**	**3·46**	**3·32**	**3·22**	**3·13**	**2·99**	**2·85**	**2·70**	**2·62**	**2·54**	**2·45**	**2·36**	**2·27**	**2·17**	
26	4·23	3·37	2·98	2·74	2·59	2·47	2·39	2·32	2·27	2·22	2·15	2·07	1·99	1·95	1·90	1·85	1·80	1·75	1·69	26
	7·72	**5·53**	**4·64**	**4·14**	**3·82**	**3·59**	**3·42**	**3·29**	**3·18**	**3·09**	**2·96**	**2·81**	**2·66**	**2·58**	**2·50**	**2·42**	**2·33**	**2·23**	**2·13**	
27	4·21	3·35	2·96	2·73	2·57	2·46	2·37	2·31	2·25	2·20	2·13	2·06	1·97	1·93	1·88	1·84	1·79	1·73	1·67	27
	7·68	**5·49**	**4·60**	**4·11**	**3·78**	**3·56**	**3·39**	**3·26**	**3·15**	**3·06**	**2·93**	**2·78**	**2·63**	**2·55**	**2·47**	**2·38**	**2·29**	**2·20**	**2·10**	
28	4·20	3·34	2·95	2·71	2·56	2·45	2·36	2·29	2·24	2·19	2·12	2·04	1·96	1·91	1·87	1·82	1·77	1·71	1·65	28
	7·64	**5·45**	**4·57**	**4·07**	**3·75**	**3·53**	**3·36**	**3·23**	**3·12**	**3·03**	**2·90**	**2·75**	**2·60**	**2·52**	**2·44**	**2·35**	**2·26**	**2·17**	**2·06**	
29	4·18	3·33	2·93	2·70	2·55	2·43	2·35	2·28	2·22	2·18	2·10	2·03	1·94	1·90	1·85	1·81	1·75	1·70	1·64	29
	7·60	**5·42**	**4·54**	**4·04**	**3·73**	**3·50**	**3·33**	**3·20**	**3·09**	**3·00**	**2·87**	**2·73**	**2·57**	**2·49**	**2·41**	**2·33**	**2·23**	**2·14**	**2·03**	
30	4·17	3·32	2·92	2·69	2·53	2·42	2·33	2·27	2·21	2·16	2·09	2·01	1·93	1·89	1·84	1·79	1·74	1·68	1·62	30
	7·56	**5·39**	**4·51**	**4·02**	**3·70**	**3·47**	**3·30**	**3·17**	**3·07**	**2·98**	**2·84**	**2·70**	**2·55**	**2·47**	**2·39**	**2·30**	**2·21**	**2·11**	**2·01**	
40	4·08	3·23	2·84	2·61	2·45	2·34	2·25	2·18	2·12	2·08	2·00	1·92	1·84	1·79	1·74	1·69	1·64	1·58	1·51	40
	7·31	**5·18**	**4·31**	**3·83**	**3·51**	**3·29**	**3·12**	**2·99**	**2·89**	**2·80**	**2·66**	**2·52**	**2·37**	**2·29**	**2·20**	**2·11**	**2·02**	**1·92**	**1·80**	
60	4·00	3·15	2·76	2·53	2·37	2·25	2·17	2·10	2·04	1·99	1·92	1·84	1·75	1·70	1·65	1·59	1·53	1·47	1·39	60
	7·08	**4·98**	**4·13**	**3·65**	**3·34**	**3·12**	**2·95**	**2·82**	**2·72**	**2·63**	**2·50**	**2·35**	**2·20**	**2·12**	**2·03**	**1·94**	**1·84**	**1·73**	**1·60**	
120	3·92	3·07	2·68	2·45	2·29	2·18	2·09	2·02	1·96	1·91	1·83	1·75	1·66	1·61	1·55	1·50	1·43	1·35	1·25	120
	6·85	**4·79**	**3·95**	**3·48**	**3·17**	**2·96**	**2·79**	**2·66**	**2·56**	**2·47**	**2·34**	**2·19**	**2·03**	**1·95**	**1·86**	**1·76**	**1·66**	**1·53**	**1·38**	
∞	3·84	3·00	2·60	2·37	2·21	2·10	2·01	1·94	1·88	1·83	1·75	1·67	1·57	1·52	1·46	1·39	1·32	1·22	1·00	∞
	6·63	**4·61**	**3·78**	**3·32**	**3·02**	**2·80**	**2·64**	**2·51**	**2·41**	**2·32**	**2·18**	**2·04**	**1·88**	**1·79**	**1·70**	**1·59**	**1·47**	**1·32**	**1·00**	

例 1．自由度 $\phi_1=5$，$\phi_2=10$ の F 分布の（上側）5％の点は 3·33，1％の点は 5·64 である．

例 2．自由度（5，10）の F 分布の下側 5％の点を求めるには，$\phi_1=10$，$\phi_2=5$ に対して表を読んで 4·74 を得，その逆数をとって 1/4·74 とする．

注　自由度の大きいところでの補間は $120/\phi$ を用いる 1 次補間による．

付表 4　χ^2　表

$\chi^2(\phi,\ P)$

（自由度ϕ と上側確率P とから χ^2 を求める表）

$$P=\int_{\chi^2}^{\infty}\frac{1}{\Gamma\left(\frac{\phi}{2}\right)}e^{-\frac{X}{2}}\left(\frac{X}{2}\right)^{\frac{\phi}{2}-1}\frac{dX}{2}$$

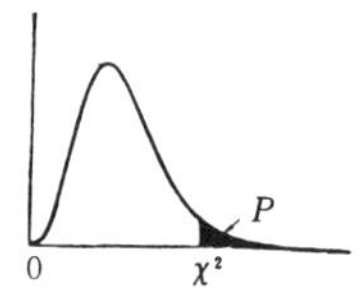

ϕ \ P	·995	·99	·975	·95	·90	·75	·50	·25	·10	**·05**	·025	**·01**	·005	P / ϕ
1	$0·0^4393$	$0·0^3157$	$0·0^3982$	$0·0^2393$	0·0158	0·102	0·455	1·323	2·71	**3·84**	5·02	**6·63**	7·88	1
2	0·0100	0·0201	0·0506	0·103	0·211	0·575	1·386	2·77	4·61	**5·99**	7·38	**9·21**	10·60	2
3	0·0717	0·115	0·216	0·352	0·584	1·213	2·37	4·11	6·25	**7·81**	9·35	**11·34**	12·84	3
4	0·207	0·297	0·484	0·711	1·064	1·923	3·36	5·39	7·78	**9·49**	11·14	**13·28**	14·86	4
5	0·412	0·554	0·831	1·145	1·610	2·67	4·35	6·63	9·24	**11·07**	12·83	**15·09**	16·75	5
6	0·676	0·872	1·237	1·635	2·20	3·45	5·35	7·84	10·64	**12·59**	14·45	**16·81**	18·55	6
7	0·989	1·239	1·690	2·17	2·83	4·25	6·35	9·04	12·02	**14·07**	16·01	**18·48**	20·3	7
8	1·344	1·646	2·18	2·73	3·49	5·07	7·34	10·22	13·36	**15·51**	17·53	**20·1**	22·0	8
9	1·735	2·09	2·70	3·33	4·17	5·90	8·34	11·39	14·68	**16·92**	19·02	**21·7**	23·6	9
10	2·16	2·56	3·25	3·94	4·87	6·74	9·34	12·55	15·99	**18·31**	20·5	**23·2**	25·2	10
11	2·60	3·05	3·82	4·57	5·58	7·58	10·34	13·70	17·28	**19·68**	21·9	**24·7**	26·8	11
12	3·07	3·57	4·40	5·23	6·30	8·44	11·34	14·85	18·55	**21·0**	23·3	**26·2**	28·3	12
13	3·57	4·11	5·01	5·89	7·04	9·30	12·34	15·98	19·81	**22·4**	24·7	**27·7**	29·8	13
14	4·07	4·66	5·63	6·57	7·79	10·17	13·34	17·12	21·1	**23·7**	26·1	**29·1**	31·3	14
15	4·60	5·23	6·26	7·26	8·55	11·04	14·34	18·25	22·3	**25·0**	27·5	**30·6**	32·8	15
16	5·14	5·81	6·91	7·96	9·31	11·91	15·34	19·37	23·5	**26·3**	28·8	**32·0**	34·3	16
17	5·70	6·41	7·56	8·67	10·09	12·79	16·34	20·5	24·8	**27·6**	30·2	**33·4**	35·7	17
18	6·26	7·01	8·23	9·39	10·86	13·68	17·34	21·6	26·0	**28·9**	31·5	**34·8**	37·2	18
19	6·84	7·63	8·91	10·12	11·65	14·56	18·34	22·7	27·2	**30·1**	32·9	**36·2**	38·6	19
20	7·43	8·26	9·59	10·85	12·44	15·45	19·34	23·8	28·4	**31·4**	34·2	**37·6**	40·0	20
21	8·03	8·90	10·28	11·59	13·24	16·34	20·3	24·9	29·6	**32·7**	35·5	**38·9**	41·4	21
22	8·64	9·54	10·98	12·34	14·04	17·24	21·3	26·0	30·8	**33·9**	36·8	**40·3**	42·8	22
23	9·26	10·20	11·69	13·09	14·85	18·14	22·3	27·1	32·0	**35·2**	38·1	**41·6**	44·2	23
24	9·89	10·86	12·40	13·85	15·66	19·04	23·3	28·2	33·2	**36·4**	39·4	**43·0**	45·6	24
25	10·52	11·52	13·12	14·61	16·47	19·94	24·3	29·3	34·4	**37·7**	40·6	**44·3**	46·9	25
26	11·16	12·20	13·84	15·38	17·29	20·8	25·3	30·4	35·6	**38·9**	41·9	**45·6**	48·3	26
27	11·81	12·88	14·57	16·15	18·11	21·7	26·3	31·5	36·7	**40·1**	43·2	**47·0**	49·6	27
28	12·46	13·56	15·31	16·93	18·94	22·7	27·3	32·6	37·9	**41·3**	44·5	**48·3**	51·0	28
29	13·12	14·26	16·05	17·71	19·77	23·6	28·3	33·7	39·1	**42·6**	45·7	**49·6**	52·3	29
30	13·79	14·95	16·79	18·49	20·6	24·5	29·3	34·8	40·3	**43·8**	47·0	**50·9**	53·7	30
40	20·7	22·2	24·4	26·5	29·1	33·7	39·3	45·6	51·8	**55·8**	59·3	**63·7**	66·8	40
50	28·0	29·7	32·4	34·8	37·7	42·9	49·3	56·3	63·2	**67·5**	71·4	**76·2**	79·5	50
60	35·5	37·5	40·5	43·2	46·5	52·3	59·3	67·0	74·4	**79·1**	83·3	**88·4**	92·0	60
70	43·3	45·4	48·8	51·7	55·3	61·7	69·3	77·6	85·5	**90·5**	95·0	**100·4**	104·2	70
80	51·2	53·5	57·2	60·4	64·3	71·1	79·3	88·1	96·6	**101·9**	106·6	**112·3**	116·3	80
90	59·2	61·8	65·6	69·1	73·3	80·6	89·3	98·6	107·6	**113·1**	118·1	**124·1**	128·3	90
100	67·3	70·1	74·2	77·9	82·4	90·1	99·3	109·1	118·5	**124·3**	129·6	**135·8**	140·2	100
y_P	−2·58	−2·33	−1·96	−1·64	−1·28	−0·674	0·000	0·674	1·282	**1·645**	1·960	**2·33**	2·58	y_P

注　表から読んだ値を $\chi^2(\phi,P)$，$\chi^2_P(\phi)$，$\chi^2_\phi(P)$ などと記すことがある．

例 1．$\phi=10$，$P=0·05$ に対する χ^2 の値は 18·31 である．これは自由度 10 のカイ二乗分布に従う確率変数が 18·31 以上の値をとる確率が 5 %であることを示す．

例 2．$\phi=54$，$P=0·01$ に対する χ^2 の値は，$\phi=60$ に対する値と $\phi=50$ に対する値とを用いて，$88·4\times0·4+76·2\times0·6=81·1$ として求める．

例 3．$\phi=145$，$P=0·05$ に対する χ^2 の値は，Fisherの近似式を用いて，$\frac{1}{2}(y_P+\sqrt{2\phi-1})^2=\frac{1}{2}(1·645+\sqrt{289})^2=173·8$ として求める．（y_Pは表の下端にある．）

参考文献

1) 棟近雅彦 監修，川村大伸・梶原千里 著(2015)：『実践的 SQC(統計的品質管理)入門講座 1　データのとり方・まとめ方から始める統計的方法の基礎』，日科技連出版社．

2) 棟近雅彦 監修，安井清一 著(2015)：『実践的 SQC(統計的品質管理)入門講座 2　実験計画法』，日科技連出版社．

3) 棟近雅彦 監修，佐野雅隆 著(2016)：『実践的 SQC(統計的品質管理)入門講座 3　回帰分析』，日科技連出版社．

4) 川村大伸・仁科健・東出政信・嶋津康治(2008)：「半導体ウエーハ処理工程における SPC と APC の融合」，『品質』Vol.38，No.3．

5) 舟橋京平，川村大伸(2017)：『2 水準過飽和計画における改良版ボックス・メイヤーメソッド』，日本品質管理学会第 113 回研究発表会．

6) 日本品質管理学会 監修，永田靖・棟近雅彦 著(2011)：『工程能力指数』，日本規格協会．

◆監修者・著者紹介

棟近雅彦（むねちか　まさひこ）［監修者］

1987年東京大学大学院工学系研究科博士課程修了，工学博士修得．1987年東京大学工学部反応化学科助手，1992年早稲田大学理工学部工業経営学科（現経営システム工学科）専任講師，1993年同助教授を経て，1999年より早稲田大学理工学術院創造理工学部経営システム工学科教授．ISO/TC 176日本代表エキスパート．

主な研究分野は，TQM，感性品質，医療の質保証，災害医療．主著に『工程能力指数』（共著，日本規格協会，2011年），『ISO 9001：2015（JIS Q 9001：2015）　要求事項の解説』（共著，日本規格協会，2015年），『組織で保証する医療の質 QMSアプローチ』（共著，学研メディカル秀潤社，2015年）など．

金子雅明（かねこ　まさあき）［著者］まえがき，本書の活用方法，演習問題1執筆

1979年生まれ．2007年早稲田大学理工学研究科経営システム工学専攻博士課程修了．2009年に博士（工学）を取得．2007年同大学創造理工学部経営システム工学科助手に就任．2010年青山学院大学理工学部経営システム工学科助手，2013年同大学同学部同学科助教を経て，2014年より東海大学情報通信学部経営システム工学科専任講師（品質管理），2017年同大学同学部同学科の准教授に就任し，現在に至る．

主な研究分野は，TQM・品質管理，医療の質・安全工学，事業継続マネジメントシステム（BCMS）．主著に，『医療の質安全保証を実現する患者状態適応型パス』（共著，日本規格協会，2006年），『進化する品質経営　事業の持続的成功を目指して』（共著，日科技連出版社，2014年），『ものづくりに役立つ統計的方法入門』（共著，日科技連出版社，2011年），『医療安全と業務改善を成功させる病院の文書管理実践マニュアル』（共著，メディカ出版，2017年）など．

梶原千里（かじはら　ちさと）［著者］演習問題2執筆

2013年早稲田大学創造理工学研究科経営デザイン専攻博士課程修了，博士（経営工学）取得，2013年同大学創造理工学部経営システム工学科助手を経て，2015年より早稲田大学理工学術院創造理工学部経営システム工学科助教．

主な研究分野は，医療の質保証，TQM，災害医療．主著に『実践的SQC（統計的品質管理）入門講座1　データのとり方・まとめ方から始める統計的方法の基礎』（共著，日科技連出版社，2015年）．

安井清一（やすい　せいいち）［著者］　演習問題 3 執筆

2006 年東京理科大学理工学研究科経営工学専攻博士課程修了，博士(工学)．2006 年から東京理科大学理工学部経営工学科助手，助教を経て，現在，講師．日本品質管理学会において，論文誌編集委員会委員，学会誌編集委員会委員，研究開発委員会委員長，理事．ISO/TC 69/SC1/WG6 コンビーナ．

主な研究分野は，統計的品質管理．主著に『ものづくりに役立つ統計的方法入門』(共著，日科技連出版社，2011 年)，『実践的 SQC(統計的品質管理)入門講座 2　実験計画法』(共著，日科技連出版社，2015 年)．

川村大伸（かわむら　ひろのぶ）［著者］演習問題 4 執筆

2009 年名古屋工業大学大学院工学研究科社会工学専攻博士後期課程修了，博士(工学)取得．2009 年東京理科大学理工学部経営工学科助教，2012 年筑波大学システム情報系社会工学域助教を経て，2016 年より名古屋工業大学大学院おもひ領域准教授．筑波大学理工学群および東京理科大学理工学部非常勤講師．日本品質管理学会の論文誌編集委員，日本経営工学会の生産・物流部門運営委員会幹事，日本フードサービス学会の論文誌編集委員．

現在の主な研究テーマは，統計的品質管理，サービスマネジメント．主著に『技術経営の探究―地域産業の活性化と技術の再認識のために』(共著，晃洋書房，2008 年)，『実践的 SQC(統計的品質管理)入門講座 1　データのとり方・まとめ方から始める統計的方法の基礎』(共著，日科技連出版社，2015 年)．

佐野雅隆（さの　まさたか）［著者］　演習問題 5 執筆

2010 年早稲田大学創造理工学研究科経営システム工学専攻博士課程修了，2011 年博士(工学)取得．2010 年同大学創造理工学部経営システム工学科助手，2012 年東京理科大学工学部第一部経営工学科助教，明治大学理工学部非常勤講師を経て，2016 年より千葉工業大学社会システム科学部准教授．日本品質管理学会の論文誌編集委員．

主な研究分野は，医療安全，TQM，医療統計，事業継続マネジメントシステム．主著に『実践的 SQC(統計的品質管理)入門講座 3　回帰分析』(共著，日科技連出版社，2016 年)．

■実践的 SQC(統計的品質管理)入門講座 4

演習 工程解析

2017 年 12 月 1 日　第 1 刷発行

監修者　棟　近　雅　彦
著　者　金　子　雅　明
　　　　梶　原　千　里
　　　　安　井　清　一
　　　　川　村　大　伸
　　　　佐　野　雅　隆
発行人　田　中　　　健

発行所　株式会社 日科技連出版社
〒 151-0051　東京都渋谷区千駄ヶ谷5-15-5
DS ビル
電話　出版　03-5379-1244
　　　営業　03-5379-1238

検　印
省　略

Printed in Japan　　　印刷・製本　東港出版印刷

ISBN 978-4-8171-9635-4
URL http://www.juse-p.co.jp/